海南省油气勘探开发管理初探

HAINAN SHENG YOUQI KANTAN KAIFA GUANLI CHUTAN

汪贵锋　王子雯　黄仕锐　秦 菡　郑建宜　**编著**

图书在版编目(CIP)数据

海南省油气勘探开发管理初探/汪贵锋等编著. —武汉:中国地质大学出版社,2024.6.
ISBN 978-7-5625-5906-1
Ⅰ.①P618.130.8;TE3

中国国家版本馆 CIP 数据核字第 20247GC597 号
审图号:琼 S(2023)285 号

海南省油气勘探开发管理初探	汪贵锋　王子雯　黄仕锐　秦　菡　郑建宜　编著
责任编辑:韦有福	选题策划:韦有福　　　　　　责任校对:徐蕾蕾
出版发行:中国地质大学出版社(武汉市洪山区鲁磨路388号)	邮政编码:430074
电　　话:(027)67883511	传　　真:(027)67883580　　E-mail:cbb@cug.edu.cn
经　　销:全国新华书店	http://cugp.cug.edu.cn
开本:787 毫米×1092 毫米 1/16	字数:186 千字　　印张:7.25
版次:2024 年 6 月第 1 版	印次:2024 年 6 月第 1 次印刷
印刷:湖北新华印务有限公司	
ISBN 978-7-5625-5906-1	定价:88.00 元

如有印装质量问题请与印刷厂联系调换

《海南省油气勘探开发管理初探》

编委会

主　编：汪贵锋

副主编：王子雯　黄仕锐

编　委（按姓氏笔画顺序）：

　　　　王艳霞　仝长亮　冯亚生　龙根元　卢　珊
　　　　邢晓君　陈　波　张匡华　李海云　郑建宜
　　　　贺　超　秦　菡　覃茂刚　曾维特　潘燕俊

前言

油气资源是现代工业的"血液"，是我国经济的"发展之基"。南海蕴藏着丰富的石油、天然气等地质矿产资源，是我国海洋石油工业的发祥地，被誉为"第二个波斯湾"，在全球油气资源中有着重要的地位。

近年，油气下游产业对海南省GDP的快速增长起到重要作用，然而，南海范围内所产油气资源在海南省内利用、深加工的总量偏小，多通过海底管道、油轮等运输方式远卖外地；同时有关油气勘查开采企业在过去相当长的时间内都未在海南省注册，海南省对南海油气矿业权设置及变动情况未能进行有效监管，油气上游产业对海南省经济社会发展贡献偏低，坐拥丰富油气资源储量的海南省，未能从中获得相应的收益。从实施海洋强省战略和发展海洋经济出发，研究如何从丰富的油气资源中获得社会经济快速发展的驱动力，成为我国现实的考量。

受全球经济增速逐步趋缓、俄乌冲突引发的地缘政治危机影响，全球经济秩序和能源格局愈发不稳定，我国经济发展也面临下行压力，经济发展速度减缓。为实现油气资源"立足国内，提高能源资源保障能力，较大幅度降低对外依存度"的目标，促进经济长期健康可持续发展，党的十八届三中全会通过了全面深化改革的决定，指明了我国油气领域全面深化改革的方向，对下一步油气领域改革起到了重大的引领和推动作用。

以油气资源勘查开发管理改革为突破口，以油气矿业权监督管理为抓手，完善海南省油气矿业权监督管理机制，破除油气行业上游垄断，加大油气改革由上游推广至全产业链步伐，大力提升油气勘探开发力度，使油气资源勘查开发惠及资源产地，为建设海南海洋强省、加快海洋油气经济发展、保障国家能源安全和经济社会的可持续发展，具有重要的现实作用和深远的战略意义。

本书以油气勘探开发管理为切入点，系统研究了我国油气矿业权竞争性出让和勘探开发监管的制度框架与改革进展、成效以及存在的问题，借鉴了世界主要油气资源大国的先进经验，结合海南省实际，提出了适合海南省的油气勘探开发管理建议，以期对海南省的油气勘探开发管理有所裨益，助力提升海南省油气勘探开发力度，使南海油气资源勘探开发惠及海南省乃至全国，为建设海南自由贸易港做出应有贡献。

本书是长期从事南海海域油气资源勘探开发相关研究的工作团队共同努力的成果。第一章由黄仕锐、秦菡主笔，第二章由汪贵锋、王子雯主笔，第三章由王子雯主笔，第四章由汪贵锋、郑建宜主笔，第五章由王子雯、汪贵锋主笔，第六章由汪贵锋、王子雯主笔，最终由汪贵锋进行统稿。

本书得到了海南省财政资金项目"南海油气资源勘探动态信息跟踪（2022年度）"的资助，编写过程中得到了自然资源部油气资源战略研究中心、信息中心，中国地质调查局，中国科学院三亚深海科学与工程研究所，南方海洋科学与工程广东省实验室（湛江），海南省自然资源和规划厅，海南省地质局，海南福山油田勘探开发有限责任公司，中海石油（中国）有限公司海南分公司等单位领导、专家的大力支持与帮助，在此一并致以最诚挚的感谢。

由于编著者水平有限，不当之处在所难免，还请广大读者朋友不吝赐教。

编著者
2024年4月于海口

第一章　海南省油气资源禀赋 ……………………………………… (1)

第一节　海洋油气工业特点 ……………………………………… (1)

第二节　海南省油气资源分布特征 ……………………………… (4)

第三节　油气勘探开发现状 ……………………………………… (6)

第二章　我国油气监督管理 ………………………………………… (13)

第一节　法律法规体系 …………………………………………… (13)

第二节　管理层级和制度 ………………………………………… (14)

第三节　矿业权管理 ……………………………………………… (16)

第四节　勘查开发监管 …………………………………………… (20)

第五节　油气资源税费 …………………………………………… (23)

第三章　我国油气改革之路 ………………………………………… (24)

第一节　改革进展 ………………………………………………… (24)

第二节　改革试点 ………………………………………………… (37)

第三节　改革成效 ………………………………………………… (43)

第四节　面临的形势 ……………………………………………… (45)

第四章　国际经验 …………………………………………………… (48)

第一节　美　国 …………………………………………………… (48)

第二节　加拿大 …………………………………………………… (55)

第三节　英　国 …………………………………………………… (63)

第四节　挪　威 …………………………………………………… (68)

第五节　启示与借鉴 ……………………………………………… (76)

第五章　海南省油气管理 (78)

第一节　油气督察工作 (79)
第二节　其他管理工作 (80)
第三节　新形势与老问题 (85)

第六章　监督管理建议 (90)

第一节　落实监管权限 (90)
第二节　监管制度设计 (91)
第三节　矿业权监管 (93)
第四节　过程和节点监管 (101)
第五节　保障措施 (102)

主要参考文献 (104)

第一章　海南省油气资源禀赋

第一节　海洋油气工业特点

海洋油气的勘探开发是陆地油气勘探开发的延续，它经历了一个从浅水到深海、从简易到复杂的发展过程。尽管海洋油气勘探与陆地油气勘探有一些共同之处，但受恶劣的海洋自然地理环境和海水物理化学性质的影响，海洋油气勘探开发投资大、技术手段要求高、风险大等劣势凸显。尽管如此，海洋油气勘探也具有一些优势，便利的交通和特殊仪器设备的使用，使海洋油气勘探具有很高的工作效率。在海洋地震勘探中，地震船沿测线进行测量施工作业，其效率比陆地地震施工作业效率高。

与陆上油气工业相比，海洋油气工业具有高风险、高投入、高科技的"三高"特点，具体如下。

1. 高风险

海洋油气勘探面临多个方面的风险。第一，安全风险，海洋油气作业具有自然条件恶劣、生产生活空间有限、生产作业设施集中、技术难度大、装备复杂等特点，极易引发安全事故；第二，环境风险，海上事故发生后，由于事发点距离陆地遥远，救援难度大，可能造成油井废弃、海水污染、生态破坏等无法估量的后果；第三，勘探风险，海洋石油勘探现在面临高温超高压（比如莺-琼盆地）、深水、超深水等复杂地质环境问题，勘探成功率极低；第四，用海矛盾，海上油气矿区经常与环境保护区、渔业作业区叠置，特别是有些矿区位于国界线附近，有领土纷争，可能引发外交矛盾。

2. 高投入

海洋油气开发需要特殊的装备，海洋地震勘探要求装备功率更大、精度更高，海上钻井必须采用专门的钻井船和大功率的海洋钻机，海上钻井设备的搬迁拖航、海上油气的集输、海上钻井施工过程中的后勤补给、海上钻井工程技术人员的工资与保险等方面的投入都要比陆地上高得多，使得每口井的成本比陆地钻井高5～10倍。海上油气的储运设备需要适应海洋的特殊环境，海上作业费用高，受气象条件影响大，相对于陆上投入也更高。

3. 高科技

海洋油气工业涉及的技术更广泛、更先进,除油气勘探开发外,还包括海洋工程、造船工程、防腐蚀技术、环保技术等,同时为了降低钻井成本,海上油气田普遍采用定向井、水平井、水平分支井等高科技钻井手段。科技是第一生产力,也是对油气勘探开采长远发展起长效作用的基础性因素,在抓生产建设的同时更要抓科技进步,要保证有足够的科技投入,不断夯实勘探开采单位的科技基础,提高科研水平,使科技创新成为行业发展的核心竞争力。以中国海洋石油集团有限公司(以下简称"中海油")为例,为了对我国海洋油气工业发展中存在的重大关键技术进行攻关,中海油成立了海洋地球物理、提高采收率、边际油田开发工程技术、深水工程、重质油利用、非常规勘探开发、海洋石油工业腐蚀防护、测井与定向钻井、海上钻井液与固井等多个重点实验室,同时组建了石油工程技术中心,为科技创新提供技术保障。

南海地形复杂(图1-1),南海的油气勘探开采相较于其他海域尤为复杂、困难,主要体现在以下几个方面。

1. 环境条件特殊

南海环境复杂,是我国海洋灾害最严重的地区。海洋灾害不但种类多而且影响范围大,造成的损失严重,如台风、风暴潮、海浪、地面沉降、海平面上升,以及人为因素诱发的海岸侵蚀等。尤其是远离大陆的南沙诸岛屿,基础设施薄弱,抵御自然灾害的能力差,在相当大的程度上影响了我国对南海油气资源的开发利用。

西北太平洋地区是世界上台风(热带风暴)活动最频繁的地区,台风过境时常带来狂风暴雨,引起海面巨浪,影响海上作业,常会造成生命财产损失。1983年10月25日美国阿科石油公司租用美国爪哇海号(Glomar Java Sea)钻井船,在我国海南岛西南100km处进行钻井作业时,遇到当年第16号台风而倾覆,船上石油员工81人全部遇难,足见南海钻井作业条件之恶劣。除台风等海洋灾害外,南海还拥有"独特"的灾害海况——"内波"(internal wave),以及海底滑坡等,这些都使得深水油气开发工程设计、建造、施工面临更大的风险和挑战。

2. 地理位置独特

我国南海约70%的油气资源分布在深水海域,约66%的油气资源分布在远离海南本岛的中南部海域诸盆地,所以,深远海油气资源量占整个南海油气资源的绝大部分。

深远海油气勘探开发首先面临的是后勤和安全保障的挑战。后勤保障是南海油气勘探开发的基础和主要支撑,尤其是深远海,对前线油气开采作业来说,就是提供"弹药"的战后方,缺少及时的物质保障和服务保证,油气开采工作将会失去基础和动力,就很难在油气开发上"大展拳脚",即使勉强开展油气作业,取得的效果也非常有限。同样因为距离陆地遥远,海上油气作业平台的安全也不能得到绝对保障。

第一章 海南省油气资源禀赋

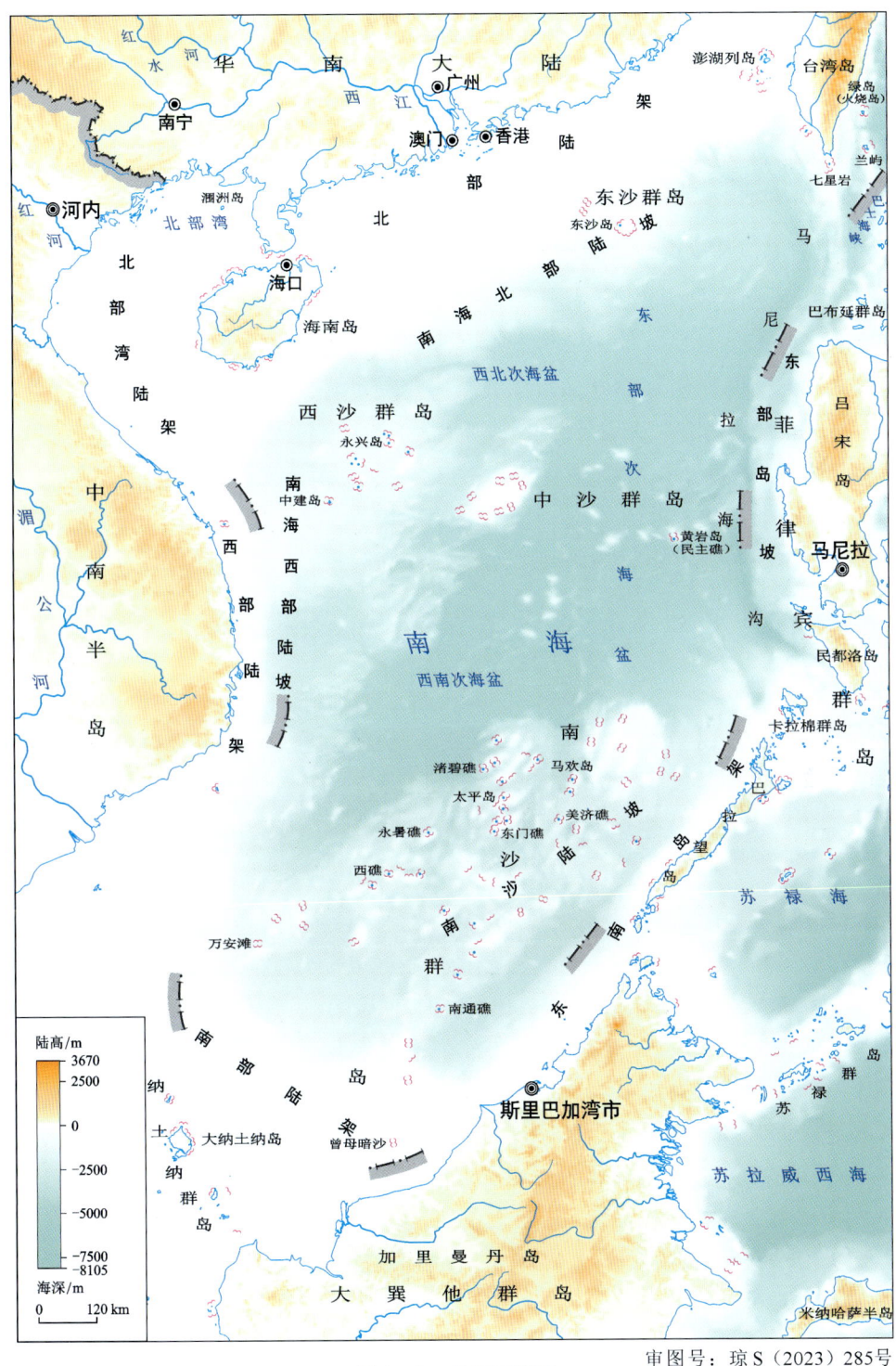

图 1-1 南海地形图
（据中国地质调查局广州海洋地质调查局，2015）

审图号：琼S（2023）285号

我国南海深远海油气开发中,要面临的另一个重大问题是油气转运。比如从南沙岛礁到海南岛最近的距离也有一千多千米,所以石油开采出来后首先需要处理的是如何从海上运回到陆地上的问题。长距离深海管道存在成本和技术风险高的挑战,浮式生产储油卸油装置(floating production storage and offloading,FPSO)同样因距离太远存在成本高的问题。

3. 地缘政治复杂

南海是世界能源开发与能源安全的焦点,其所蕴藏丰富的油气资源受到世界诸多国家的持续关注。20世纪60年代南海海域石油储藏前景被揭示之后,南海周边个别国家持续攫取南海油气资源,试图在南沙部分岛屿归属和南海海上划界问题未解决之前,造成油气开发的"既成事实"。域外油气公司的纷纷介入使得南海油气争夺日趋激烈,多种国际政治力量汇集于中国南海地区,使得南海形势更加复杂化。

第二节　海南省油气资源分布特征

海南省的油气资源分布主要在南海海域,为此南海油气资源的勘探开发对保障我国能源安全具有重要意义。我国南海海域主要发育22个含油气盆地,累计面积约 $112 \times 10^4 \text{km}^2$(图1-2)。根据《全国油气资源动态评价(2015)》成果,我国南海海域预测的地质资源量为石油 $266.42 \times 10^8 \text{t}$、天然气 $44.55 \times 10^{12} \text{m}^3$、天然气水合物大于 $800 \times 10^8 \text{t}$油当量。北部海域主要发育4个含油气盆地,面积约 $51.46 \times 10^4 \text{km}^2$。根据《全国油气资源动态评价(2015)》成果,4个含油气盆地预测的地质资源量为石油超 $110.39 \times 10^8 \text{t}$、天然气 $12.58 \times 10^{12} \text{m}^3$,石油主要分布在珠江口盆地和琼东南盆地(珠江口盆地 $74.32 \times 10^8 \text{t}$、琼东南盆地 $14.89 \times 10^8 \text{t}$),天然气主要分布在琼东南盆地和莺歌海盆地(琼东南盆地 $5.16 \times 10^{12} \text{m}^3$、莺歌海盆地 $4.42 \times 10^{12} \text{m}^3$)(表1-1)。另外,陆域的福山凹陷有 $3.075 \times 10^8 \text{t}$油当量的地质资源量(石彦民等,2007)。中南部海域盆地16个,面积约 $60 \times 10^4 \text{km}^2$,我国主张管辖海域内预测的地质资源量为石油 $154.18 \times 10^8 \text{t}$、天然气 $31.76 \times 10^{12} \text{m}^3$,石油资源主要集中分布于中建南盆地、文莱-沙巴盆地、曾母盆地、万安盆地,天然气资源主要集中于曾母盆地,其次分布于中建南盆地、万安盆地、礼乐盆地、文莱-沙巴盆地、北康盆地、南薇西盆地(谢玉洪和高阳东,2020)。

第一章 海南省油气资源禀赋

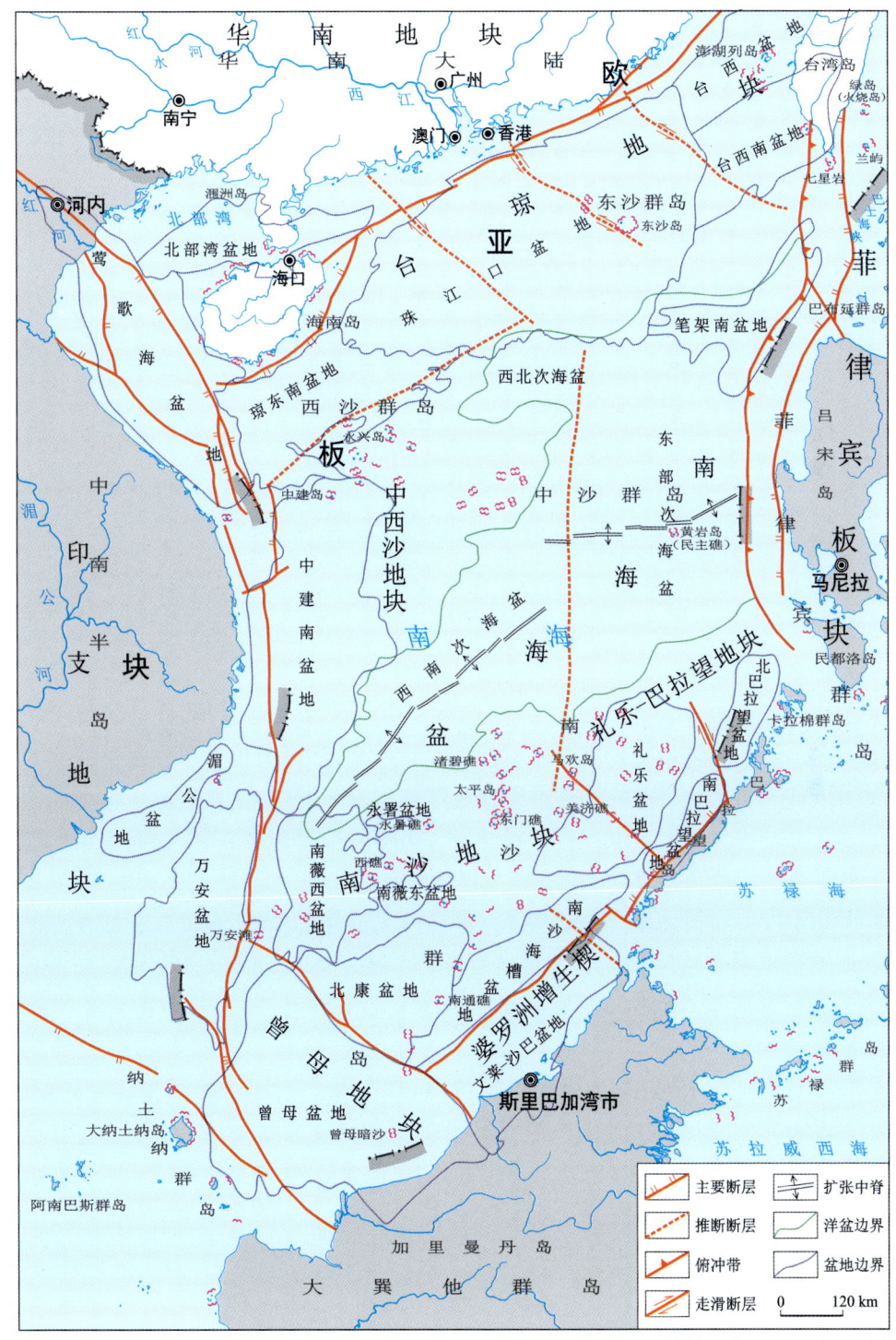

审图号：琼S（2023）285号

图1-2 南海含油气分布与构造单元划分图
（据中国地质调查局广州海洋地质调查局，2015）

表1-1　南海北部各盆地油气资源量统计表

盆地	石油资源量/10^8t		天然气资源量/10^{12} m^3	
	地质	可采	地质	可采
珠江口盆地	74.32	29.63	3.00	1.73
琼东南盆地	14.89	6.00	5.16	3.30
莺歌海盆地	—	—	4.42	2.72
北部湾盆地	21.18	5.10		
总计	110.39	40.73	12.58	7.75

第三节　油气勘探开发现状

一、勘探开发现状

"十三五"以来,南海作为我国海洋石油重要生产基地,大力提升油气资源勘探开发力度,稳步推进南海油气资源勘查开采管理改革试点工作,严格按照国家主体功能区定位,推进南海资源勘探开发服务保障基地建设。为保障国家能源安全,抑制国家油气对外依存度快速增长,中海油贯彻国家能源发展战略行动计划,深挖油气资源潜力,坚持寻找大中型油气田的"价值勘探"理念,加强富生烃凹陷的深层勘探,积极探索勘探程度较低的深水、高温高压领域,在南海北部海域取得了丰硕的成果,获得了多个地质勘探新发现,包括珠江口盆地的HZ26-6亿吨级油田、琼东南盆地的永乐气田和宝岛气田、莺歌海盆地的乐东10气田。

此外,中国石油化工集团有限公司(以下简称"中石化")在北部湾盆地拥有勘探权/开采权的区块位于涠西南凹陷西部,处于盆地西部边缘,勘探难度极大。中石化经过深入研究和几轮勘探,在总结以往勘探经验的基础上,转变思路,对该区地质结构重新进行解剖分析,于2015年11月14日—12月12日施钻的"涠四井"钻遇含油层近百米。2016年1月5日完成测试,第一层在井口压力为6.73MPa条件下,试获日产高品质原油1458m^3、天然气7.18×10^4 m^3,第二层在井口压力为6.68MPa条件下,试获日产高品质原油1349m^3、天然气7.6×10^4 m^3。根据《中国海洋石油集团有限公司2022年度报告》,截至2022年底,南海西部和南海东部净证实石油储量789.3Mmbbls(约合1.09×10^8t)、天然气储量4 657.6Bcf(约合9296×10^8 m^3),合计油当量达1 584.8Mmboe(折合2.2×

10^8 t),为海南省油气生产奠定了坚实的资源基础;油气开发项目稳步推进,近4年产量稳定保持在 $2000×10^4$ t 油当量以上,2021年突破 $2500×10^4$ t,2022年突破 $2800×10^4$ t(表1-2,图1-3),屡创新高,为海南省"加油鼓气"添上浓厚的一笔。

表1-2 中海油南海油气年度产量统计表

位置	产品	2015年	2016年	2017年	2018年	2019年	2020年	2021年	2022年
西部	石油/Mmbbls	32.8	36.0	35.2	39.9	40.1	40.2	39.7	36.1
	天然气/Bcf	114.7	100.3	99.8	96.8	116.1	161.2	181.8	234.9
	合计/Mmboe	52.4	53.0	52.1	56.3	60.0	68.4	71.4	76.9
东部	石油/Mmbbls	69.5	66.9	63.2	58.1	64.6	75.5	88.7	105.3
	天然气/Bcf	85.7	68.0	86.9	126.1	142.7	146.3	137.4	147.1
	合计/Mmboe	83.8	78.3	77.7	79.2	88.3	99.9	111.6	129.8
总计	石油/Mmbbls	102.3	102.9	98.4	98.1	104.7	115.8	128.4	141.4
	天然气/Bcf	200.4	168.3	186.7	222.9	258.8	307.5	319.3	382.0
	合计/Mmboe	136.2	131.3	129.8	135.5	148.3	168.3	183.0	206.7

注:①数据来源《中国海洋集团石油有限公司年度业绩发布》(2016—2021年)和《中国海洋石油集团有限公司2022年度报告》统计整理;②根据2018—2021年度产量与日产量的关系,确定2022年度产量=日产量×365;③计量单位缩写:Mmbbls(百万桶)、Bcf(十亿立方英尺)、Mmboe(百万桶油当量);④Bcf≈$2831.7×10^4$ m^3;⑤换算后,2015—2022年各年度产量分别为:$1889×10^4$ t、$1821×10^4$ t、$1800×10^4$ t、$1879×10^4$ t、$2057×10^4$ t、$2334×10^4$ t、$2538×10^4$ t、$2867×10^4$ t 油当量。

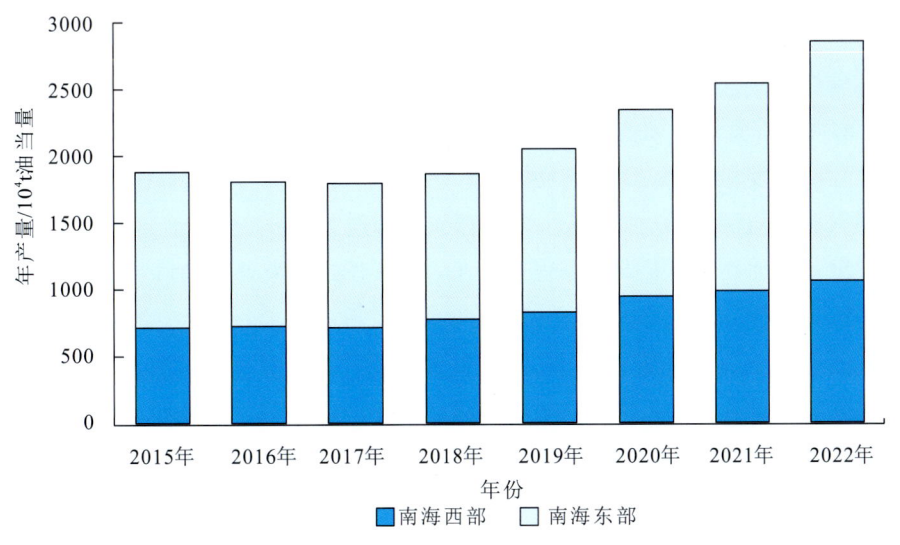

图1-3 中海油南海油气产量柱状统计图

海南岛陆域上的福山油田坚持勘探评价一体化，落实了整装千万吨级朝阳油田，探索朝阳永安流二段岩性油藏，高效勘探涠洲组，落实有利构造圈闭，新增资源量；构建火山岩成藏新模式，初步落实火山岩油藏效益增储区；风险勘探北部深层地区，马村构造深层流沙港组三段具有规模增储潜力，已建成年产能 40×10^4 t 油当量油气生产基地。

经过多年发展，我国在南海已经建设了陆丰、流花、惠州、番禺、西江涠洲、文昌乐东、东方、崖城、陵水等油气田群，除满足海南省内使用外，大部分外输至香港等地，以保障海南自由贸易港和粤港澳大湾区建设的能源需求。

二、勘探开发优势

2018 年 4 月 11 日，《中共中央 国务院关于支持海南全面深化改革开放的指导意见》发布，4 月 13 日，习近平总书记在庆祝海南建省办经济特区 30 周年大会上发表重要讲话。海南的发展迎来重大利好，油气产业同样迎来发展的黄金机遇期和重要窗口期。此后，自然资源部制定工作举措，支持海南开展油气勘查开采管理改革试点和南海油气勘探开发工作；中海油设立海南分公司，参与南海油气勘探和开发，负责油气仓储和销售；中石化在海口江东新区注册成立海南赛诺佩克有限公司，加快推进区域总部基地项目建设；能源交易中心功能进一步扩充，交易环境进一步完善，能源交易大厦正式启用，将打造"一带一路"国际能源交易枢纽。海南油气产业正从上、中、下游以及相关交易环节全面发力。

放眼全球，海南省在海洋油气勘探开发方面主要有以下 4 个优势。

（一）资源优势

我国南海北部近海海域油气资源丰富，占全国油气资源总储量的 1/3 以上，油气勘探潜力巨大。整个南海的石油地质资源量（200～300）$\times10^8$ t，近海四大盆地约 113.49×10^8 t；天然气地质资源量 20×10^{12} m^3，近海四大盆地约 12.58×10^{12} m^3。

近海四大盆地中油气资源勘探程度很低，其中石油勘探处于高峰前期阶段，天然气勘探处于早期阶段，剩余油气资源比较丰富，储量增长潜力仍然很大，富油气凹陷浅层是保障增储上产的"压舱石"，深层和潜山是储量大幅增长点，潜在富烃凹陷和中生界、古生界残余盆地富烃凹陷是未来油气勘探和增储的重点。除针对不同勘探程度、不同地质条件、不同油气成藏类型进行专项科技攻关和创新勘探认识之外，我国应正确平衡好、解决好南海油气勘探开发与生态保护之间的矛盾，合理规划油气勘探开发作业，科学适度调整生态保护红线，给油气勘探开发让出合理空间，海南省油气勘探开发的空间将大大拓展，巨大的资源潜力将得到进一步释放。

南海中南部的深远海区同样蕴藏着巨大的油气资源，尚有多个盆地未进行实质性勘探开发,是未来油气勘探开发的潜力区。未来,我们要苦练内功,增强自身实力,辅以灵活机动的南海政策,破解地缘政治难题,尽快突破南海中南部油气勘探开发桎梏,打开南海油气勘探开发新局面。

(二)区位优势

海南省位于亚太经济圈中心,是连接太平洋和印度洋的交通枢纽,其所管辖海域面积约 $200×10^4 km^2$,占我国南海的大部分,是我国唯一的海洋大省,扼"海上丝绸之路"之要冲、守"蓝色国土"之前哨,是亚洲与太平洋的交接带、华南陆地国土与南方海洋国土的结合部,是我国大西南出海的前沿和南海油气资源开发利用的基地,区域地理位置具有十分重要的战略意义。

在经济上,海南省近傍粤港澳大湾区,遥望台湾,外邻东南亚,既有经济腹地的依托,又受到经济发达区的辐射和带动,直接面对华南、东盟两大石化产品消费市场,是国内国际双循环新发展格局的交会关键点,便于内引外联,发展油气产业。

同时,海南省是往来太平洋、印度洋的必经之地,也是通往"两亚"(东南亚和东北亚)的"十字路口",我国80%左右的进口石油走南海运输航道;靠近海外油气资源地和产品消费市场,交通运输便利,是我国最适合发展油气工业的地区。海南省紧靠东南亚,是我国"海上丝绸之路"战略的重要节点,因此在具备原料保障的背景下,油气加工产业产品通过海运外输也非常便利。海南省地域较为辽阔,在海上油气上岸方面具有独特的地理优势,其发展战略空间广阔,更有利于向纵深拓展。

(三)港口优势

海南省海岸线长,具有良好的建港和海运条件。它拥有5个天然深水良港,截至2020年底,全省拥有万吨级深水泊位78个,已开通国内国际集装箱航线33条,基本形成了覆盖我国沿海及东南亚国家主要港口、辐射亚欧及澳大利亚的航线布局。其中,洋浦港是天然良港,有50km的海岸线,也是海南省重点发展的大型临港产业基地,以石化、林浆纸等临港产业发展所需的油品、煤炭、集装箱等货物运输为主;而东方八所港是海南省大型深水良港之一,属国家一类开放口岸,以服务南海油气上岸加工储运为主。洋浦港拥有两个 $30×10^4 t$ 级原油专用码头、多个成品油码头和液体化工码头,可接卸原油、成品油、液体化学品等100多个品种,年吞吐能力上亿吨。东方八所港现有生产性泊位12个,其中万吨级以上(含 $1×10^4 t$ 级)泊位8个,年吞吐能力1800多万吨,可与国内12个港口、世界20个国家和地区直接通航;澄迈油气勘探生产服务基地内的马村港是天然的深水港,是全国25个枢纽港之一,可布置65个万吨级深水泊位,年通过能力可达 $3×10^8 t$,是海南省依托港口深化对外开放、发展外向型经济的重要港口,还是定位于打造海南自由贸易港的核心港口、经济功能区以及琼北地区最大的货运港口。

(四)政策条件

海南自由贸易港方案及相关配套政策的出台,在人才引进、税收优惠、跨境贸易、园区建设等方面对油气工业发展具有利好作用。自然资源部明确提出的"与海南共同推进南海油气勘查开采管理改革试点工作"工作部署,赋予海南省在油气勘探开发方面更多的权限,并获取相应的收益。随着营商环境的优化,深化"放管服"改革,聚焦贸易投资自由化便利化,可为开展化工品进出口、中转贸易、仓储等物流服务创造条件,加快服务业创新发展。其中,洋浦区是国家级经济开发区,区内还设有保税港区,享受开发区和保税港区的优惠政策,也是我国第一批新型石化产业基地,是国家鼓励发展的油气工业聚集区;东方临港工业园地处少数民族地区,享受国家少数民族地区开发的各种优惠政策。

三、面临形势

"十四五"是我国油气产业转型升级、迈入制造强国的关键时期,行业发展面临的形势严峻复杂,有利条件和制约因素相互交织,增长潜力和下行压力并存。"一带一路"倡议的深入实施,为海南省油气产业提供了广阔的发展空间。海南省作为"海上丝绸之路"的桥头堡,后发优势明显。海南省油气工业发展主要面临以下形势。

(一)国家油气对外依存度高

随着我国经济的不断发展,对油气资源的需求也不断增加,对外依存度也在逐年升高。中国石油和化学工业联合会在《2022年中国石油和化工行业经济运行情况发布》中指出,2022年我国原油进口 5.08×10^8 t,对外依存度达 71.2%;天然气进口量 $1\,520.7\times10^8\,m^3$,对外依存度达 40.2%。我国深海勘探开发技术与装备从"跟跑"实现"交错领跑",勘探领域从常规油气延伸到"非常规",勘探开发实践从近浅海走向深远海,从国内走向海外,而我国南海油气资源潜力巨大,但探明程度很低,剩余油气资源丰富,具备可持续发展的资源基础;特别是在南海中南部,更要加快在油气勘探开发中采取新举措、取得新突破、形成新局面,为降低我国油气资源对外依存度、提高国内油气供应保障能力做出更大贡献。

(二)油气改革稳步推进

2015年7月7日,以新疆为试点的油气资源上游领域改革正式拉开序幕。新疆、贵州、山西等地已组织多轮油气勘查区块出让,并取得了油气勘探突破,有力地推动了我国油气上游改革的试点示范工作,进一步打破油气勘查开采垄断局面,对大力提升油气勘探开发力度具有重要意义。目前,海南省在自然资源部的支持下,也开启了南海油气改革的新征程,先后组织开展了多轮油气矿业权区块评价优选,提交了一批可供自然资源部开展竞争性出让的新区块。因优越的资源禀赋条件,南海油气区块的竞争性出让必将成为国内外油气公司关注的热点。

(三)油气工业已成为海南省经济支柱

油气产业是海南自由贸易港建设中最主要的支柱产业,2018年,海南省油气产业规模以上企业工业产值达到1055亿元,占海南省地区生产总产值的18.16%。受益于"一带一路"倡议和建设海南自由贸易港等国家战略,海南省经济仍将保持快速增长势头。海南省国民经济"十四五"总体规划中对油气产业发展提出了更高的要求,在"十四五"期间,整个油气产业链产值要在现有的基础上翻两番,达到3000多亿元。同时,《海南省海洋经济发展"十四五"规划(2021—2025年)》也明确提出:海南省将推动海洋油气勘探开发向深远海拓展;启动研究出台政策措施,鼓励加大勘探开发力度,吸引民营企业和国际油气公司参与南海油气资源勘探开发。这将极大地促进海南省油气产业的发展,更好地服务于海南省自由贸易港的建设。

(四)"双碳"目标影响深远,油气产业急需转型升级

我国经济处于从高速发展向高质量发展的推进期,对石油、天然气以及化工品的需求在中长期内将保持稳定增长。碳达峰以及碳中和时间表的提出给我国能源行业和用能行业带来颠覆性的变革,我国能源转型速度加快,高碳化石能源消费比例将加速下降,能源消费增长更加依赖天然气和可再生能源等清洁能源;可再生电力、节能技术、碳捕捉技术等将快速发展,全球油品需求增速将逐步放缓,炼油能力将出现过剩,炼油毛利也将进一步下降。石油天然气的能源属性将削弱,加上石化产品需求的快速增长,化工原料在炼油产品中的重要性将不断提高。共建"一带一路"将促进沿线各国开展从油气资源开发到石油产品消费市场的全方位合作,为炼化业务提供了更加多元化的原料和更加广阔的产品市场,炼化企业为提高盈利水平,将从以生产成品油为主、大宗石化原料为辅的传统一体化,转向多产高附加值产品和延伸石化产业链的新型一体化。

四、发展短板

由于海南省油气工业起步较晚,虽然目前取得了较大成就,但是先天基础薄弱、配套不完善、生态约束和较高的油气工业门槛等诸多问题,阻碍油气全产业升级,不能充分发挥资源、区位、港口等天然优势,加之缺乏自主核心技术和不完整的油气产业链,使得海南省多元化油气产业体系建设始终未形成闭环,不能较好地融入以工业化进步为主要特征的世界产业升级浪潮。

(一)资源探明程度和采出程度低,深远海经济效益差

一是开发主要集中在争议较小的南海北部海域。比如中海油在南海开发的14个矿区,主要集中在北部海域,而中南部的矿区,除了2014年海洋石油981钻井平台在中建南盆地海域进行1号井和2号井钻探作业外,其余基本无工作量投入。中石油目前也主要是在海南岛福山凹陷探区工作。

二是南海北部近海盆地油气资源探明程度和采出程度较低。截至2020年底,我国南海北部四大盆地累计探明原油地质储量15.88×10^8 t,探明率13.99%,累计原油产量3.73×10^8 t,采出率23.49%;探明天然气地质储量7389×10^8 m^3,探明率仅5.87%,累计天然气产量1569×10^8 m^3,采出率21.23%。尚有绝大部分资源量有待探明,油气资源采出程度低,更多的油气资源处在"休眠状态",有待开采。

三是深水油气开发成本高,经济效益差。近年来,我国海洋油气勘探开发技术有了大幅度提高,勘探装备更新快。随着技术装备的日益更新,地质认识的不断提高,我国在南海北部深水区的油气勘探获得了重大突破,"深海一号"大气田投产两周年已累计生产天然气超50×10^8 m^3(截至2023年6月27日),陵水25-1也计划于2024年9月建成投产,但是,深水气田的勘探投入巨大,生产成本也极高,导致其经济效益差,严重制约着油气勘探开发事业的发展。

(二)油气工业集聚程度不高,市场容量小

经过多年发展,海南省油气工业已经基本形成以中海油和中石化等大型企业为核心的工业集群,但空间分布上比较分散,且这些集群在一起所产生的溢出效应也不是非常明显,产业链布局延伸、互补性和竞争能力不强,制约了油气资源对海南省的经济发展,因此油气工业协同优势仍需加强。

另外,海南省总体经济发展水平低,工业基础薄弱,能源消耗小,用作工业能源的石油天然气较少;油气加工的产品主要出口东南亚市场,本地市场容量较小,石油天然气消费能力有限。

(三)作业主体单一,基础不够雄厚

大企业拥有大量技术人员,科研能力强,是推动海南省油气工业技术进步、集成创新和科研成果转化的重要主体,而且大企业进行的并购活动所造成的资产转移是结构化调整的有机组成部分,可以优化海南省油气工业的结构布局。但海南省的企业规模普遍较小,存在"小、散、弱"现象,大企业数量相对较少。目前仅有以中海油为主,中石油、中石化为辅的三大油公司在南海进行油气资源勘探开发,主体缺乏多元化,且石化产业基础不够丰厚,陆上的产业园区油气产量有限,省管辖内的海洋油气这一最大的天然气优势尚未发挥出来,因此在一定程度上限制了海南省油气工业的发展。

第二章　我国油气监督管理

我国矿产资源属于国家所有，国家通过矿业权制度管理矿产资源有序勘探开发，对油气资源勘探开发的管理主要包括矿业权的管理和资源勘探开发活动的管理。对矿业权的管理主要基于资源所有权，体现作为矿业权人的权利，通过油气探矿权采矿权许可证方式实现；对资源勘探开发活动的管理包括直接方式和间接方式，即通过各种行政许可审批来实现。

油气资源管理体制是油气产业发展的前提和保障。近年来，党中央、国务院对油气资源管理作出一系列指示，要求加强油气资源战略调查，充分利用科学技术，立足国内，提高能源资源保障能力，较大幅度降低对外依存度，利用"两种资源、两个市场""走出去"参与国际能源合作与竞争。

第一节　法律法规体系

为了适应体制改革和经济发展的需要，促进和规范油气资源的勘查开发，自1982年以来，我国先后颁布实施了一系列与油气资源勘查开发管理相关的法律，包括《矿产资源法》《土地管理法》《环境保护法》《海洋环境保护法》等。为了确保相关法律的有效实施，我国还颁布了相应配套的法规和规章，包括《矿产资源法实施细则》《对外合作开采海洋石油资源条例》《对外合作开采陆上石油资源条例》《矿产资源勘查区块登记管理办法》《矿产资源开采登记管理办法》《矿产资源补偿费征收管理规定》《矿产资源监督管理暂行办法》《地质资料管理条例》等，明确规定油气资源归国家所有，实行中央政府一级管理，而且从矿业权管理、资源税费、对外合作、地质资料管理等方面规范了油气资源的勘查开发，促进了我国油气资源管理法治化体系的完善，对加强我国油气资源管理发挥重要作用。

2006年1月，国务院出台《国务院关于加强地质工作的决定》（以下简称《决定》），要求培育矿产资源勘查市场，建立健全全国统一、竞争、开放、有序的矿业权市场，完善市场规则，加强市场监管，维护市场秩序。该《决定》为深化我国油气资源管理体制改革指明了方向，明确对矿产资源探矿权市场实行统一管理，实行油气勘查开发专营权政策，即在中国从事油气资源勘查开发必须经国务院批准。同时,积极实施和完善对外开放的法律政策,通过陆续颁布《中外合资经营企业法》《中外合作经营企业法》等法律法规,鼓励外商通过与我国国有石油公司合作方式参与油气资源的勘查开发,并依法保护参与合作开发外商的合法权益,努力营造和平、开放的外商投资环境。

2017年5月,中共中央、国务院印发了《关于深化石油天然气体制改革的若干意见》,要求建立健全竞争有序、有法可依、监管有效的石油天然气体制,实现国家利益、企业利益、社会利益的有机统一。

2018年9月,国务院印发的《中国(海南)自由贸易试验区总体方案》明确规定:取消石油天然气勘查开发须通过与中国政府批准的具有对外合作专营权的油气公司签署产品分成合同方式进行的要求。2019年6月,国家发展和改革委员会、商务部发布《外商投资准入特别管理措施(负面清单)(2019年版)》和《自由贸易试验区外商投资准入特别管理措施(负面清单)(2019年版)》,取消了石油天然气勘查开发限于合资、合作的限制,外商可不经过与国有石油企业合作,在符合准入条件下直接参与我国油气勘查开发,与国有石油企业竞争。

2023年7月6日,为了贯彻落实党的二十大、中央经济工作会议提出要加强重要能源、矿产资源国内勘探开发和增储上产的部署,实施新一轮找矿突破战略行动,确保能源资源产业链供应链安全,自然资源部印发了《自然资源部关于深化矿产资源管理改革若干事项的意见》(自然资规〔2023〕6号),对2019年自然资源部出台的《关于推进矿产资源管理改革若干事项的意见(试行)》(自然资规〔2019〕7号)进行适时修改,持续深化矿产资源管理改革,解决实践中出现的新情况、新问题,采取更加积极的措施促进矿产资源勘探开发。

第二节 管理层级和制度

一、管理层级

我国油气行业实施"政监合一"的管理模式,油气监管职能分散在不同政府部门,甚至部分保留在国有企业。按照监管内容,我国油气监管大致可划分为油气勘查开发、石油天然气管道运输、成品油和天然气市场、安全环保及质量、财税等领域,涉及20多个事项。改革开放以来,我国油气管理体制逐步从高度集中的行政管理向综合性分散式管理转变,从直接干预管理向宏观调控转变,基本实现了政企分开,初步形成了较为完整的能源管理体系和工作协调机制。油气勘查开发领域涉及的政府管理部门包括国家能源委员会、国家发展和改革委员会、国家能源局、自然资源部、国务院国有资产监督管理委员会、商务部、财政部、生态环境部等，各级管理机构的具体职责各有不同（图2-1），基本完成了向"微观运作靠市场、宏观调控靠政府"管理模式的转变。

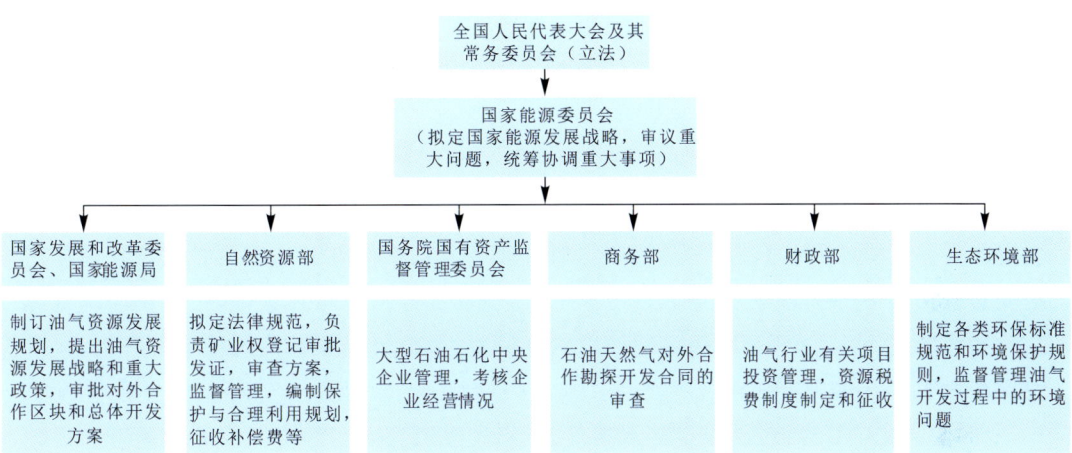

图2-1 中国现行能源（油气）管理体制框架图

（据唐国强等，2020）

从改革开放前至改革开放初期，我国石油工业实行高度计划垄断，油气资源的勘探开发完全按照中央计划进行，主要由地质矿产部负责油气资源的勘查，石油工业部负责勘探开发，为典型的计划管理体制模式。

党的十一届三中全会后，我国推进油气资源管理机构全面整合、重组，成立了中石油、中海油、中石化三家石油公司，实现石油及化工领域企业化改革，初步形成了政企分开的格局和由计划经济向市场经济转变的过渡型体制模式，实现了油气管理体制的重大调整，向市场经济体制转变迈出了重大一步。

1998年成立国土资源部，实行矿产资源（包括油气资源）勘探开发统一管理，同时油气资源管理部门通过新一轮整合，进一步推进了政企分开，为石油行业的市场化改革铺路，但客观上巩固了三大石油企业在石油行业的垄断地位。

经过长期的努力，特别是改革开放以来通过油气勘探开发管理体制的改革和调整，我国油气资源勘探开发管理的法律法规和政策体系不断健全，管理职能划分和机构设置不断完善，油气资源勘探开发管理效率和水平逐步提高，为深化改革、实现油气资源可持续发展奠定了基础。

我国油气资源管理框架的基础是相关法律体系，其组织形式是相关管理部门，其运行规则是相关规章制度，其服务经济、社会的手段是相关政策。

二、管理制度

我国关于矿产资源(包括油气资源)的管理制度如下。

(1)实行矿产资源(包括油气资源)规划制度。我国现行的油气资源勘查开发管理实行国家一级管理,即国家对油气资源的勘查、开发实行统一规划、合理布局、有序开发、综合利用的制度。

(2)实行油气资源探矿权、采矿权管理制度。我国油气资源勘查实行统一的区块登记管理制度,油气资源勘查工作区范围以经纬度$1'\times1'$划分的区块为基本单位,每个勘查项目允许登记的最大范围为2500个基本单位区块。采矿权申请人必须向登记管理部门提交必备资料,包括采矿权申请人资质证明、油气资源开发利用方案,依法成立油气资源企业的批准文件,油气资源开采的环境影响评价报告,油气资源开采的安全生产报告、水土保持方案、地质灾害评价报告等。

(3)实行集中管理制度。石油、天然气、煤层气等资源由自然资源部颁发勘查许可证和开采许可证。

(4)实行资源有偿使用、探矿权有偿取得制度。国家须征收矿产资源税、矿业权占用费等。

(5)矿业权人合法利益受法律保护。《矿产资源法》第三条规定:"各级人民政府必须加强矿产资源的保护工作。"第十九条规定:"地方各级人民政府应当采取措施,维护本行政区域内的国有矿山企业和其他矿山企业矿区范围内的正常秩序。"

第三节　矿业权管理

我国油气探矿权采矿权许可证制度《矿产资源法》第三条规定:"勘查、开采矿产资源,必须依法分别申请,经批准取得探矿权、采矿权,并办理登记"。《矿产资源法实施细则》第五条规定:"国家对矿产资源的勘查、开采实行许可证制度"。

矿产资源矿业权许可证制度是矿业权登记制度的操作手段和表现形式,两者内容和实质均是一致的。同时,勘查许可证和采矿许可证也是矿业权人具有从事矿产资源勘查开采活动权利的体现,是拥有矿业权的法律依据。目前,我国矿业权流转分为两级市场。一级出让市场由国家出让矿业权,二级转让市场由矿业权人再次流转矿业权。在一级市场中,我国要求全面推进矿业权竞争性出让,以招标、拍卖和挂牌的方式出让矿业权,严格控制矿业权协议出让。

一、矿业权出让

油气矿业权属于国家一级管理，改革之前，仅有国务院批准的国有石油公司[中石油、中石化、中海油、陕西延长石油（集团）有限责任公司（简称延长石油）]享有油气矿业权的申请、登记权利，不必通过招标等市场化方式获得，且不必支付与之相对应的费用。自2010年起，国土资源部（现自然资源部）开始探索油气矿业权竞争性出让。

2015年，习近平总书记在中央财经领导小组第十一次会议上，提出了"供给侧结构性改革"方略，希望应用矿业权竞争性出让制度，引入多元主体，加大勘探开发力度，维护国家资源所有者权益，提高矿产资源开发效率，提振矿业经济。2017年6月，中共中央办公厅和国务院办公厅印发了《矿业权出让制度改革方案》，要求以招标拍卖挂牌方式为主，全面推进矿业权竞争出让，严格限制矿业权协议出让，下放审批权限，强化监管服务。选取山西、福建、江西、湖北、贵州、新疆6个省（自治区）有序开展试点。

《自然资源部关于推进矿产资源管理改革若干事项的意见》要求除协议出让外，对其他矿业权以招标、拍卖、挂牌方式公开竞争出让。矿业权许可证需要满足主体资格要求，一是在中华人民共和国境内注册，二是净资产不低于3亿元的内外资公司。满足最低资格条件的公司有机会通过招标、拍卖、挂牌等公开竞争方式获得矿业权。获得矿业权后，按照当前规定，公司要向登记管理机关提交申请资料，经审查符合要求后才可领取勘查许可证。该意见同时还规定，油气矿业权实行探采合一制度：油气探矿权人发现可供开采的油气资源后，在报告有登记权限的自然资源主管部门后即可进行开采。进行开采的油气矿产资源探矿权人应当在5年内签订采矿权出让合同，依法办理采矿权登记。

其中，探矿权的登记审批，按照《矿产资源勘查区块登记管理办法》（国务院第240号令）和《国土资源部关于进一步规范矿业权申请资料的通知》（国土资规〔2017〕15号），获得探矿权后，中标人/竞得人需要提交申请登记书、企业营业执照、勘查合同或者委托勘查的证明文件、勘查实施方案、矿业权出让收益缴纳凭证等申请资料，经自然资源部主管部门审批后发放勘查许可证。

关于采矿权的登记审批，《矿产资源法实施细则》第十六条规定了探矿权人有权利优先取得勘查作业区内矿产资源的采矿权，截至目前，这也是在我国获得油气采矿权的最主要方式。按照《矿产资源开采登记管理办法》（国务院第241号令）和《国土资源部关于进一步规范矿业权申请资料的通知》（国土资规〔2017〕15号），采矿权新立时需要提交申请登记书、开发利用方案、勘查许可证、矿山地质环境保护与土地复垦方案公告结果、环境影响评价批复、地质资料汇交凭证、矿业权出让收益缴纳凭证等，妥善处理采矿权申请范围内与生态红线和非油气矿业权的关系。

矿业权许可证明确了探矿权人和采矿权人具有的权利。《矿产资源法实施细则》第十六条和第三十条规定了矿业权人获得矿业权后拥有的权利：一是在矿业权范围内对勘查或开采对象的权利，包括开展勘查开采作业活动、销售矿产品权等；二是依法获得土地使用权；三是在作业区及相邻区域架设供电、供水、通信管线的权利；四是在矿业权范围内建设所需的生产和生活设施的权利。同时，还明确了矿业权人行使上述权利时，应当遵守有关法律、法规的规定，并经过批准或者履行其他手续。

矿业权许可证是许可证载明矿种的财产权体现。国土资源部印发的《矿业权出让转让管理暂行规定》第三条规定：探矿权、采矿权为财产权，统称为矿业权，适用于不动产法律法规的调整原则。矿业权人依法对其矿业权享有占有、使用、收益和处分权。这就从法律上规定了矿业权的财产属性，而一定程度上探矿权、采矿权许可证就是矿业权财产权的证明文书。

矿业权许可证是申请部分行政许可证的前置条件。办理油气矿业权许可证属自然资源管理部门职能，涉及矿山地质环境保护与土地复垦方案审查、地质资料汇交、项目环境影响评价审批行政许可。这些许可均需要申请人提交矿业权许可证。

二、矿业权流转

矿业权在民法上是一种财产权利，矿业权流转是指矿业权在不同的权利主体之间转让占有，是矿业权的继受取得方式。

我国关于矿业权流转的规定，是一个从禁止到准许的漫长过程。1986年我国制定并实施《矿产资源法》时，禁止矿业权流转。该法第三条明确规定采矿权不得买卖、出租和抵押。到1994年我国颁布《矿产资源法实施细则》时，仍然禁止矿业权流转。该细则规定，买卖、出租采矿权的，对卖方、出租方、出让方要处以罚款；对非法抵押的，也要处以罚款。

我国关于探矿权流转的规定，是在1996年修订后的《矿产资源法》和1998年国务院发布的《探矿权采矿权转让管理办法》中才出现的。1996年修改后的《矿产资源法》第六条限定了探矿权和采矿权转让的情形，并规定探矿权人、采矿权人经依法批准后可以将探矿权、采矿权转让给他人。《探矿权采矿权转让管理办法》第三条对上述内容再次进行了规定。《矿业权出让转让管理暂行规定》第三十六条规定了矿业权转让的概念和形式，同时规定转让矿业权需要按照规定的条件和程序进行，由原发证机关审查批准。《矿业权出让转让管理暂行规定》第三十七条进一步规定，无论是何种形式的矿业权转让，转让双方必须向登记管理机关提出申请，经审查批准后才能办理变更登记手续进而取得矿业权。从上述条文中可以看出，在我国进行探矿权和采矿权的转让均需要经过行政审批，也就是说政府通过审批制来管制矿业权的转让。

2007年，我国颁布《物权法》，将探矿权和采矿权规定为用益物权。至此，我国矿业权流转制度的改革为建立和完善我国矿业权二级市场,为合理开发和保护矿产资源、促进矿产资源的合理配置、维护国家能源安全起到积极的作用。矿业权流转是完善资源配置的有效途径,有利于加强矿业市场建设,保障国家矿产资源利益的最大化。

三、矿业权延续和退出

《自然资源部关于推进矿产资源管理改革若干事项的意见(试行)》规定,以出让方式设立的探矿权首次登记期限延长至 5 年,每次延续时间为 5 年,并对延续登记时扣减探矿权面积作了相关规定。

勘查区块退出可以分为部分退出和全部退出,勘查区块的全部退出实际上就是探矿权退出。根据退出主体是否具有主动性,勘查区块退出可分为自愿退出、强制退出和责令退出。

(1)勘查区块自愿退出。主要体现在《矿产资源勘查区块登记管理办法》第二十二条和第二十四条中。实践中,探矿权人自愿退出勘查区块有 3 种方式:一是探矿权人申请采矿许可证,同时注销勘查许可证,退出除矿区之外的勘查区块;二是探矿权人基于成矿条件、市场环境、资源储量等考虑,在探矿权到期后,不申请延续,或自愿缩减部分区块面积,退出部分勘查区块,主动申请注销勘查许可证;三是由于压覆资源、资源整合、国家规划、政策调整等原因,探矿权人与有关主体达成协议,探矿权人自愿退出全部或部分勘查区块。

(2)勘查区块强制退出。2009 年《国土资源部关于进一步规范探矿权管理有关问题的通知》(国土资发〔2009〕200 号)首创了同勘查阶段延续时强制性缩减区块面积的制度,该制度被《国土资源部关于进一步规范矿产资源勘查审批登记管理的通知》(国土资规〔2017〕14 号)予以确认并完善。2019 年的《自然资源部关于推进矿产资源管理改革若干事项的意见(试行)》进一步明确探矿权申请延续登记时应扣减首设勘查许可证载明面积(非油气已提交资源量的范围/油气已提交探明地质储量的范围除外,已设采矿权矿区范围垂直投影的上部或深部勘查除外)的 25%,其中油气探矿权可扣减同一盆地的该探矿权人其他区块同等面积。2023 年的《自然资源部关于深化矿产资源管理改革若干事项的意见》对探矿权延续申请扣减面积和要求作了调整,申请探矿权延续登记时应当扣减勘查许可证载明面积的 20%,油气已提交探明地质储量的范围不计入扣减基数,已设采矿权深部或上部勘查不扣减面积。油气探矿权可以扣减同一盆地的该探矿权人其他区块同等面积,但新出让的油气探矿权 5 年内不得用于抵扣该探矿权人其他区块应扣减面积。

(3)勘查区块责令退出。在《行政许可法》《矿产资源勘查区块登记管理办法》《探矿权采矿权转让管理办法》等法律行政法规之中均有规定。主要包括 3 种情形:一是为了社会公共利益,发证机关需要缩减部分或全部勘查区块面积的;二是由于申请勘查许可证过程中存在法定情形,而被发证机关撤销勘查许可证的;三是探矿权人违反法律行政法规,被主管部门责令限期整改,但整改不到位或情节严重的,发证机关依法吊销勘查许可证。

第四节 勘查开发监管

油气资源管理体制与油气资源勘查开发管理相关的立法是相辅相成、相互依存的双向促进关系,科学的油气资源管理体制是完善油气资源勘查开发立法的核心内容之一。

油气矿业权人进行油气资源勘探开发活动需要办理其他相关行政许可,涉及自然资源部、应急管理部、国家发展和改革委员会(能源局)、生态环境部、水利部、交通部、公安部等多个部门,行政许可事项包括用地用海审批、外商投资安全审查、民用爆炸用品管理、取水许可、生态环境评价、涉路施工许可等。其中用地用海审批、建设项目压覆重要矿产资源审批、建设项目用地预审、安全生产许可、安全设施设计审查、民用爆炸用品管理等详见表2-1。

表2-1 油气勘查开采活动主要行政许可情况表

序号	部门	矿业权许可	勘查开采行政许可
1	自然资源管理部	矿产资源储量评审备案; 地质资料汇交; 矿产地质环境保护与土地复垦方案审查等	临时/永久用地、用海审批; 建设项目压覆重要矿产资源审批; 建设项目用地预审; 土地复垦工程验收
2	应急管理部	—	安全生产许可; 安全设施设计审查
3	国家发展和改革委员会(能源局)	—	外商投资安全审查; 对外合作项目总体方案备案; 社会稳定性风险评估
4	生态环境部	—	建设项目环境影响评价审批; 排污许可证
5	水利部	—	水土保持方案审批; 取水许可审批
6	交通部	—	涉路施工许可
7	公安部	—	民用爆炸用品管理

2001年，国土资源部正式颁布建立油气勘查开采督察员制度，通过制定油气开采督察员工作制度，能够更好地规范油气开采督察员的工作行为，提高工作效率和工作质量，保障工作安全以及油气资源的合理开发和利用。自此，保障油气矿产勘查开采工作依法有序开展的重任就落在了督察员肩上。油气勘查开采督察员制度主要包括以下内容。

工作职责：明确矿产勘查及油气开采督察员的工作职责，包括对矿产勘查及油气开采活动进行监督、检查和评估，及时发现和处理违法违规行为。

工作程序：详细说明油气开采督察员的工作程序，包括接到任务后的准备工作、实地勘查和检查、制定整改方案和撰写报告等步骤。

工作规范：明确油气开采督察员的工作规范，包括行为准则、工作纪律、保密制度等。

工作安全：强调油气开采督察员在工作中的安全防护措施，包括安全培训、装备配备、工作现场安全防护等。

工作考核：规定油气开采督察员的工作考核制度，对其工作表现进行评估和奖惩。

油气资源为国家一级管理，省级管理部门主要依照国家相关油气资源管理规定开展工作，并无单独的制度建设。油气督察工作制度对省级监管工作有一些明确规定，但法律法规中对于省级监管的表述大多还是在矿产资源监督管理要求中简要地提及（表2-2）。

表2-2 现行法律法规中与省级油气监管相关的规定

法律法规名称	相关管理要求
《矿产资源法》（2009年修正）	第三条：各级人民政府必须加强矿产资源的保护工作。 第十一条：省、自治区、直辖市人民政府地质矿产主管部门主管本行政区域内矿产资源勘查、开采的监督管理工作
《矿产资源法实施细则》（1994年国务院令第152号）	第八条：省、自治区、直辖市人民政府地质矿产主管部门主管本行政区域内矿产资源勘查、开采的监督管理工作
《关于印发〈矿产勘查及油气开采督察员工作制度〉的通知》（国土资发〔2003〕99号）	第二条：国土资源部负责组织、协调全国矿产资源勘查及油气开采督察工作，部聘任的矿产勘查及油气开采督察员对部颁发许可证的矿产勘查项目及油气开采项目进行督察。各省（区、市）国土资源行政主管部门督察员办公室设在地质勘查处，组织落实本行政区内日常督察工作，负责督察员的管理工作。 第十三条：（一）各省（区、市）督察员办公室根据年度督察工作计划、国土资源部登记管理机关督察要求，确定督察项目，提前将督察时间、内容、方式、要求等通知被督察单位以及当地国土资源行政主管部门，但国土资源行政部门确定的抽查项目可以不通知； （七）督察中发现应由国土资源部登记管理机关处理的问题，督察员办公室应及时编写专题督察报告，提出处理建议并上报国土资源部，国土资源部做出处理的决定，向被督察的单位当事人发送矿产督察意见书，同时告知督察员办公室； （八）督察员办公室组织督察员对整改情况进行跟踪检查； （九）督察员办公室编写年度督察工作和下年度督察工作计划，并上报国土资源部登记管理机关备案

续表 2-2

法律法规名称	相关管理要求
《关于印发〈矿业权人勘查开采信息公示办法(试行)〉的通知》(国土资规〔2015〕6号)	第五条:国土资源部负责全国矿业权人勘查开采公示信息抽查管理工作,对地方国土资源主管部门的信息抽查工作进行检查。省级国土资源主管部门负责组织开展本行政区域内矿业权人勘查开采公示信息抽查工作。 第十四条:油气勘查开采项目的抽查名单,由国土资源部同有关省级国土资源主管部门确定。上级国土资源主管部门可以委托下级国土资源主管部门进行检查。 第二十二条:油气矿产矿业权人异常名录和严重违法名单的管理,国土资源部可授权有条件的省级国土资源主管部门负责

值得一提的是,国土资源部分别于 2007 年和 2012 年印发了《国土资源部关于加强煤炭和煤层气资源综合勘查开采管理的通知》(国土资发〔2007〕96 号)以及《国土资源部关于加强页岩气资源勘查开采和监督管理有关工作的通知》(国土资发〔2012〕159 号),明确规定了省级自然资源主管部门对于页岩气和煤层气的一些监督管理责任,表明省级管理部门被纳入页岩气和煤层气的监管体系中。此后,省级管理部门加大推进页岩气、煤层气勘查开采,与油气企业沟通交流增多,也收集到企业希望地方政府能在土地征收相关补偿、矿权重叠、用地审批以及生态红线划定等方面统一政策、加大协调的诉求。以重庆、山西、内蒙古为代表的部分省(市)陆续以通知和会议纪要的形式对行政区内油气勘查开采秩序、油气与其他矿权重叠区争议的解决以及用地政策等作了进一步规范,为解决油气勘查开采具体问题提供了一定依据。

随着我国深化改革的不断推进,油气资源勘查开采监督管理面临新形势。一方面,市场主体类型和数量增多。我国页岩气、煤层气进入商业化开发阶段以及页岩气、常规油气探矿权招标试点等进入改革探索阶段,民企首次进入油气领域,并且随着油气体制改革的持续推动,市场主体数量和类型势必继续增加,新准入的市场主体自律意愿和自律水平亟待提高,需要政府加强监管。另一方面,监管内容和监管方式有新的要求。国家高度重视生态文明建设,油气资源勘查开采可能涉及的地质和生态环境风险需要政府严格管控。同时,国家推进"放管服",并提出"加强事中、事后监管措施"、推进"双随机、一公开"监管以及"信用监管"。

自 2017 年始,建立信息公示制度,"双随机、一公开"监管成为最主要的油气监管方式。油气信息公示主要环节包括油气矿业权人每年在规定时间内,在信息公示系统填报年度油气勘查开采信息并对社会公示,自然资源部通过随机和专项抽查结合的方式抽取矿业权项目,并委托矿业权所在省级自然资源主管部门随机选取检查人员开展实地核查,核查结果向社会公示,符合列入异常名录条件的矿业权人将被列入异常名录,并向社会公示。

油气信息公示监管内容以法定义务履行情况为主,信息公示实地核查是核对油气矿业权人公示的勘查开采年度信息的真实性和准确性。公示信息以油气矿业权人勘查开采过程中法定义务履行信息为主,包括应持有合法有效许可证实施作业,在批准的范围内进行勘查和开采,按规定报告开工情况,缴纳相关费用,按要求完成最低勘查投入要求,按勘查和开采方案实施作业,按要求汇交资料,办理相关许可、登记、备案手续,合理开发油气资源,按要求进行土地复垦和矿山地质环境恢复治理等工作。

第五节 油气资源税费

油气资源税费是政府为保护和促进油气资源的合理开发与利用,对在我国境内开采各种油气资源的单位和个人征收的一种税费,是国家参与和调节油气资源收益分配的重要方式。为了规范油气资源的使用,推动节能减排工作的开展,我国开征油气资源税,具有提升油气勘查开发力度,促进石油、天然气的高效率利用的重要意义。油气资源税费主要有油气资源税和矿业权占用费。

一、油气资源税

资源税是国家财政预算的一部分,主要为国家进行资源勘查提供资金支持,同时也是地方财政收入的重要来源之一,由中央和地方共享,分成比例为5∶5或者4∶6(中央与省、直辖市的分成比例为5∶5;中央与自治区的分成比例为4∶6)。其中,中央分成部分的70%用于油气资源的勘查。自2014年12月1日起,石油、天然气资源补偿费费率由1%调整为0,2017年4月起,将油气资源补偿费并入资源税。

二、矿业权占用费

矿业权占用费是国家将矿业权出让给矿业权人,按规定向矿业权人收取的使用费(2017年4月,国家将主要依据占地面积、单位面积按年定额征收的探矿权、采矿权使用费整合为矿业权占用费),并根据矿产品价格变动情况和经济发展需要动态调整矿业权占用费,中央与地方分成比例为2∶8。

第三章　我国油气改革之路

第一节　改革进展

党的十八届三中全会以来,我国逐步打破常规油气垄断,朝多元化方向发展。国家油气资源主管部门转变思路,紧紧围绕"使市场在资源配置中起决定性作用"这一核心原则,积极探索油气资源勘查开发上游领域改革路径,以油气资源勘查开发管理改革为突破口,以破除油气行业上游垄断为抓手,从油气勘查放宽外资准入、"三桶油"联手增储上产,到国家管网公司成立,再到成品油市场准入门槛再降、外资加油站进一步放开、支持民企参与成品油出口,市场化政策坚定不移,"管住中间、放开两头"初具雏形,行业由上至下向垄断说"不",逐步实现油气资源的可持续利用,保障国家能源安全和经济社会的可持续发展。

一、矿业权改革进展

自然资源产权制度是促进生态文明建设的重要基础性制度,我国当前的自然资源产权制度还存在资产底数不清、所有者权益不到位、权责不明晰、权益不落实、监管保护制度不健全等问题。自2016年底起,党中央、国务院及自然资源部、财政部、国家发展和改革委员会、商务部等多个部门围绕自然资源产权制度搭建改革框架,在资源权益、矿业权出让制度和油气体制改革3个领域出台了一系列政策性文件(表3-1)。

最早出台的是资源权益方面的文件,主要是《关于全民所有自然资源资产有偿使用制度改革的指导意见》和《矿产资源权益金制度改革方案》。前者提出所有权和使用权分离,建立矿产资源权益金制度;后者明确了权益金制度,针对矿业权出让、占有、开采和退出4个阶段,分别将探矿权、采矿权价款调整为矿业权出让收益,将探矿权、采矿权使用费整合为矿业权占用费,实施资源税,将矿山环境治理恢复保证金调整为矿山环境治理恢复基金。

表 3-1 我国油气矿业权改革主要文件

颁布时间	文件名称	颁布机构	改革领域	改革目标	备注
2016年12月29日	《关于全民所有自然资源资产有偿使用制度改革的指导意见》	国务院	资源权益	健全完善矿产资源有偿使用制度	
2017年4月13日	《矿产资源权益金制度改革方案》	国务院	资源权益	建立符合我国特点的新型矿产资源权益金制度	
2017年5月21日	《关于深化石油天然气体制改革的若干建议》	中共中央、国务院	油气体制	明确油气体制顶层设计	
2017年6月16日	《矿业权出让制度改革方案》	中共中央办公厅、国务院办公厅	矿业权出让制度	完善矿业权出让制度	
2017年6月29日	《矿业权出让收益征收管理暂行办法》	财务部、国土资源部	矿业权出让制度	规范矿业权出让收益征收管理	已废止
2018年9月5日	《关于促进天然气协调稳定发展的若干意见》	国务院	油气体制	加大国内油气勘探开发力度	
2019年4月14日	《关于统筹推进自然资源资产产权制度改革的指导意见》	中共中央办公厅、国务院办公厅	整体架构	加快健全自然资源资产产权制度	
2019年5月23日	《关于建立国土空间规划体系并监督实施的若干意见》	中共中央、国务院	整体架构	建立国土空间规划体系	
2019年6月30日	《外商投资准入特别管理措施(负面清单)(2019年版)》	国家发展和改革委员会、商务部	油气体制	明确外商投资准入限制	
2019年12月4日	《关于营造更好发展环境支持民营企业改革发展的意见》	中共中央、国务院	油气体制	进一步放开民营企业市场准入	
2019年12月17日	《中华人民共和国矿产资源法(修订草案)》(征求意见稿)	自然资源部	整体架构	推进矿产资源法修订	

续表 3-1

颁布时间	文件名称	颁布机构	改革领域	改革目标	备注
2019年12月31日	《自然资源部关于推进矿产资源管理改革若干事项的意见(试行)》	自然资源部	矿产权出让制度、油气体制	可操作性的先行先试	已废止
2023年1月3日	《自然资源部关于印发矿业权出让交易规则的通知》	自然资源部	矿业权出让制度	进一步规范矿业权出让交易行为,建立健全矿业权交易规则	
2023年5月6日	《自然资源部关于进一步完善矿产资源勘查开采登记管理的通知》	自然资源部	矿业权勘查开采登记管理制度	进一步完善矿产资源勘查开采登记管理,优化矿业权登记程序	
2023年7月26日	《自然资源部关于深化矿产资源管理改革若干事项的意见》	自然资源部	矿产权出让制度、油气体制	结合实践经验,完善矿产资源管理规定,保持矿产资源管理政策连续稳定、有效衔接	

2017—2019年我国连续出台了《关于深化石油天然气体制改革的若干建议》《关于促进天然气协调稳定发展的若干意见》《外商投资准入特别管理措施(负面清单)(2019年版)》和《关于营造更好发展环境支持民营企业改革发展的意见》等文件,明确了油气体制改革的指导思想、基本原则、总体思路,部署完善了有序放开油气勘查开采体制等8个方面的重点任务,确立了油气体制顶层设计;提出严格执行退出机制、竞争出让制度,加大国内油气勘探开发力度;允许外资独立勘探开发国内油气区块,支持民营企业进入油气领域。在矿业权出让制度方面,2017年6月出台的《矿业权出让制度改革方案》和《矿业权出让收益征收管理暂行办法》明确了矿业权出让制度的重点是全面推进矿业权竞争性出让、严格限制协议出让、出让收益管理、建立动态占用费制度、下放审批权限,并对出让收益的征收、缴纳和监管制定了配套的管理办法。特别是2019年底,《自然资源部关于推进矿产资源管理改革若干事项的意见(试行)》出台,提出在全国范围内开展油气探矿权竞争出让、探索竞争出让起始价、推进"净矿"出让、对内外资公司开放油气勘查开采市场、实行油气探采合一制度、延长探矿权延续时间为5年并在延续时扣减首设证载面积的25%等措施。这一系列重要措施使得此前相应文件更具操作性,该文件成为全面推进矿业权竞争性出让和油气勘查开采管理改革里程碑式的先行先试性政策文件。

(一)出让

我国矿产资源属于国家所有,是通过矿业权制度管理矿产资源有序勘探开发。目前,我国的矿业权流转分为两级市场。一级出让市场由国家出让矿业权,二级转让市场由矿业权人再次流转矿业权。在一级市场中,改革之前均采取非竞争性出让方式取得,并且只允许中石油等4家石油公司进行石油、天然气勘查工作。历史数据显示,截至2017年底,全国有效石油天然气探矿权941个,有效勘查登记面积$328.5\times10^4 km^2$,中石油、中石化、中海油、延长石油四大油气公司拥有的探矿权数量占全国总探矿权数量的87.8%,登记勘查区块面积占全国勘查区块总面积的98.4%,中国油气矿业权集中度非常高。

自2010年起,国土资源部开始探索油气矿业权竞争性出让改革。

2010年,国土资源部开始在油气领域进行矿业权出让改革试点,探矿权竞争性出让工作选择从邀请招标方式开始试点。2011年,国土资源部优选了两个页岩气区块作为邀请招标出让试点,投标人资格扩大到具有对外合作专营权的煤层气企业,通过综合评标成功出让。2012年,国土资源部面向中海油、中石油、中石化3家企业,采取邀请招标方式,通过评比勘查实施方案,成功出让南海、黄海2个石油天然气区块探矿权,开创了常规油气探矿权竞争性出让的新局面。邀请招标方式加快了竞争性出让油气探矿权进程,成为油气资源管理领域的创新尝试,为公开招标提供了经验。

为了解除天然气矿业权出让的资质限制,2012年,页岩气被正式批准为我国第172个独立矿种,国土资源部组织开展了页岩气探矿权公开招标,成功出让了19个页岩气区块的探矿权,共引入16家投资主体,是油气矿业权出让改革的破冰之举。2013年,国土资源部选取17个石油天然气区块,在4家具有资质的石油企业中采取竞争性谈判方式出让探矿权。

2015年,国土资源部以新疆为试点,首次公开面向社会组织了石油天然气探矿权的招标出让,成功出让4个油气区块,引入3家投资主体,常规油气探矿权出让试点改革迈出实质性步伐。

限于《矿产资源勘查区块登记管理办法》第十六条的规定,2017年之前,油气探矿权出让方式仅为邀请招标或者公开招标出让方式。基于《行政许可法》第五十三条的规定,以及《矿业权出让制度改革方案》《关于深化石油天然气体制改革的若干意见》《矿业权出让收益征收管理暂行办法》的出台,2015年11月,习近平总书记在中央财经领导小组第十一次会议上,首次提出"供给侧结构性改革",希望应用矿业权竞争性出让制度,引入多元主体,加大勘探开发力度,维护国家资源所有者权益,提高矿产资源开发效率,提振矿业经济。2017年6月,中共中央办公厅和国务院办公厅印发了《矿业权出让制度改革方案》,要求以招标、拍卖、挂牌方式为主,全面推进矿业权竞争出让,严格限制矿业权协议出让,下放审批权限,强化监管服务。随即国土资源部陆续对油气探矿权出让方式进行了尝试与探索,选取山西、福建、江西、湖北、贵州、新疆6个省(自治区)有序开展试点。7月,国土资源部委托贵州省人民政府以拍卖方式出让贵州省正安页岩气勘查区块探矿权;同年12月,国土资源部委托新疆维吾尔自治区政府以挂牌方式出让新疆塔里木盆地柯坪西区块等5个油气勘查区块探矿权。油气探矿权竞争性出让,从招标出让方式拓展到拍卖、挂牌等竞争性出让方式,改革迈出了重大步伐,为油气上游体制改革积累了丰富经验。

2019年12月,自然资源部印发《自然资源部关于推进矿产资源管理改革若干事项的意见(试行)》(自然资规〔2019〕7号),要求除协议出让外,对其他矿业权以招标、拍卖、挂牌方式公开竞争出让,为我国矿业权出让方式改革指明方向。该意见在矿业权出让制度改革方面规定:一是全面推进矿业权竞争性出让,明确除协议出让外,对其他矿业权以招标、拍卖、挂牌方式公开竞争出让。二是严格控制协议出让,稀土、放射性矿产勘查开采项目或国务院批准的重点建设项目,以协议方式向特定主体出让,已设采矿权深部或上部的同类矿产,以协议方式向同一主体出让。三是积极推进"净矿"出让,加强矿业权出让前期准备工作,依法依规避让生态保护红线等禁止限制勘查开采区,做好与用地用海用林用草等审批事项的衔接,以便矿业权出让后,矿业权人正常开展勘查开采工作。四是实行同一矿种探矿权、采矿权出让登记同级管理,解决同一矿种探矿权、采矿权不同层级管理带来的问题,自然资源部负责石油、烃类天然气等14种重要战略性矿产的矿业权出让、登记。

2020年,自然资源部组织开展贵州省挂牌出让页岩气探矿权工作,成功出让6个油气区块,引入3家投资主体,首次实行"价+率"收取出让收益,即竞得人签订合同后缴纳本次挂牌竞争确定的出让收益(金额部分),转采后每年按照上一年度销售收入0.3%缴纳采矿阶段出让收益(收益率部分)。

据统计,2011—2022年,自然资源部共完成25次油气(含页岩气、煤层气)探矿权出让,成功出让138个区块,除中石油、中石化、中海油和延长石油外,超过50家企业(曾)进入到油气上游市场(表3-2)。

表3-2 油气矿业权竞争性出让情况表

时间	位置/矿种	准入条件	出让方式	成功/计划出让区块	竞得人	成交价格/承诺勘查投入
2011年6月	重庆、贵州/页岩气	中石油、中石化、中海油、延长石油、中联煤层气有限责任公司、河南省煤层气开发利用有限公司等符合资质条件的公司应邀参加	邀请招标、综合评标	2/4	中石化、河南省煤层气开发利用有限公司	承诺勘查总投入分别为5.910 982亿元、2.475 604亿元

续表 3-2

时间	位置/矿种	准入条件	出让方式	成功/计划出让区块	竞得人	成交价格/承诺勘查投入
2012年2月	南黄海/油气	中石油、中石化、中海油、延长石油	邀请招标、勘查方案评比	2/2	中石油、中石化	在3年内承诺勘查总投入分别为71 800万元、29 912万元
2012年9—12月	湖北、重庆、贵州等8个省(市)/页岩气	要求在中华人民共和国境内注册、注册资金在3亿元人民币以上的内资企业或中方控股的中外合资企业;具有石油天然气或气体矿产勘查资质,或与已具有资质的企事业单位建立合作关系	公开招标、综合评比	19/20	16家中标候选企业,包括煤电类国企、省属能源投资公司或者省属地矿系统企业以及2家民营企业	19个区块3年内投入128亿元勘查资金
2013年	银额盆地、南黄海、塔里木盆地/油气	中石油、中石化、中海油、延长石油	竞争性谈判、勘查方案评比	14/17	中石油、中石化、中海油、延长石油	—
2015年7月	新疆/油气	在中华人民共和国境内注册、最终绝对控股股东或最终实际控制人为境内主体,净资产10亿元人民币(含)以上的内资企业	公开招标、勘查投入比较	4/6	山东宝莫生物化工股份有限公司、海城市石油机械制造有限公司、北京能源投资(集团)有限公司	中标企业承诺3年内投资近85亿元,其中京能区块承诺投入总价值超过了60亿元
2017年8月	贵州/页岩气	在中华人民共和国境内(不含港、澳、台)注册、最终绝对控股股东或最终实际控制人为境内主体,净资产3亿元人民币(含)以上的内资企业	拍卖	1/1	贵州产业投资(集团)有限责任公司	12.9亿元,分两期缴纳,首期60%,转采40%

续表 3-2

时间	位置/矿种	准入条件	出让方式	成功/计划出让区块	竞得人	成交价格/承诺勘查投入
2017年8—11月	山西/煤层气	在中华人民共和国境内(不含港、澳、台)注册,最终绝对控股股东或最终实际控制人为境内主体,净资产2亿元人民币(含)以上的内资企业	公开招标、综合评标	10/10	山西蓝焰煤层气集团有限责任公司、山西美锦能源股份有限公司等8个企业中标	承诺勘查投入10.73亿元
2018年1月	新疆/油气	在中华人民共和国境内(不含港、澳、台)注册,最终绝对控股股东或最终实际控制人为境内主体,净资产10亿元人民币(含)以上的内资企业	挂牌	3/3	中曼石油天然气有限公司、申能股份公司、新疆能源集团石油天然气有限公司	27.3838亿元,分两期缴纳,首期20%,转采后80%
2018年12月—2019年2月	山西/煤层气	在中华人民共和国境内(不含港、澳、台)注册,最终绝对控股股东或最终实际控制人为境内主体,净资产10亿元人民币(含)以上的内资企业	挂牌	2/2	山西昔阳丰汇煤业有限责任公司、山西省平遥煤化(集团)有限责任公司	9.2亿元
2019年5月—2020年6月	山西/煤层气	在中华人民共和国境内(不含港、澳、台)注册,最终绝对控股股东或最终实际控制人为境内主体,净资产5亿元人民币(含)以上的内资企业	公开招标、综合评标	8/13	山西蓝焰控股股份有限公司、山西蓝焰煤层气集团有限责任公司、山西昔阳丰汇煤业有限责任公司	承诺勘查投入5527万元
2020年	山西/煤层气	在中华人民共和国境内注册,净资产不低于3亿元人民币的公司	挂牌	3/3	自贡华气科技股份有限公司、山西蓝焰煤层气集团有限责任公司	58.5万元,一次缴清

续表 3-2

时间	位置/矿种	准入条件	出让方式	成功/计划出让区块	竞得人	成交价格/承诺勘查投入
2020年11月	贵州/页岩气	在中华人民共和国境内注册、净资产不低于3亿元人民币的内外资公司,出让收益率0.3%	挂牌	6/6	贵州页岩气勘探开发有限责任公司、贵州天然气能源股份有限公司、贵州天然气管网有限责任公司	511万元
2021年2—3月	贵州/煤层气	在中华人民共和国境内注册、净资产不低于3亿元人民币的内外资公司;中标人每年完成的勘查投入应不低于投标时承诺的金额,并且在3年内提交阶段成果总结、5年内提交探明地质储量,出让收益率0.3%	公开招标	5/5	贵州页岩气勘探开发有限责任公司	1066万元
2021年5—7月	新疆/油气	在中华人民共和国境内注册、净资产不低于3亿元人民币的内外资公司	挂牌	4/4	新疆互盈企业管理有限公司、北京星凯投资有限公司	6.9953亿元
2021年9—11月	新疆/油气	在中华人民共和国境内注册、净资产不低于3亿元人民币的内外资公司	挂牌	7/7	中石化、中石油、霍尔果斯源沃能源有限公司、霍尔果斯拓晟能源有限公司	18.7369亿元
2021年10—12月	新疆/油气	在中华人民共和国境内注册、净资产不低于3亿元人民币的内外资公司	挂牌	7/7	新疆互盈企业管理有限公司、北京众兴恒源矿业有限公司、北京新和丰源矿业有限公司、中石化	10.7550亿元

续表 3-2

时间	位置/矿种	准入条件	出让方式	成功/计划出让区块	竞得人	成交价格/承诺勘查投入
2022年3—5月	广西/页岩气	在中华人民共和国境内注册、净资产不低于3亿元人民币的内外资公司	挂牌	2/2	广西柳州发电有限责任公司、广西广投石化有限公司	0.087 3亿元
2022年5—7月	黑龙江/油气	在中华人民共和国境内注册、净资产不低于3亿元人民币的内外资公司	挂牌	4/4	中石化	0.261 7亿元
2022年9—11月	新疆/油气	在中华人民共和国境内注册、净资产不低于3亿元人民币的内外资公司	挂牌	3/3	深圳源海采优矿业有限公司、延长石油、上海资瑞矿业有限公司	14.315 8亿元
2022年9—11月	新疆/油气	在中华人民共和国境内注册、净资产不低于3亿元人民币的内外资公司	挂牌	9/9	新疆能源（集团）石油天然气有限责任公司、延长石油、内蒙古万创实业集团有限公司、新疆元洲石油天然气有限公司、宁夏巨力房地产开发有限公司	31.171 9亿元
2022年11—12月	新疆/油气	在中华人民共和国境内注册、净资产不低于3亿元人民币的内外资公司	挂牌	5/5	中石油、中石化、新疆能源（集团）石油天然气有限责任公司、内蒙古万创实业集团有限公司、中能北方天然气股份有限公司	2.449 6亿元

续表 3-2

时间	位置/矿种	准入条件	出让方式	成功/计划出让区块	竞得人	成交价格/承诺勘查投入
2022年11—12月	甘肃/油气	在中华人民共和国境内注册、净资产不低于3亿元人民币的内外资公司	挂牌	6/6	深圳质跃石油开采有限公司、张掖交通建设投资有限责任公司	1.329 6亿元
2022年12月—2023年1月	湖北/页岩气	在中华人民共和国境内注册、净资产不低于3亿元人民币的内外资公司	挂牌	4/4	中石化、宜昌城市更新投资开发有限公司	0.386 2亿元
2022年12月—2023年1月	云南/页岩气	在中华人民共和国境内注册、净资产不低于3亿元人民币的内外资公司	挂牌	1/1	云南省能源投资集团有限公司	6.010 3亿元
2022年12月—2023年2月	青海/油气	在中华人民共和国境内注册、净资产不低于3亿元人民币的内外资公司，出让收益率：0.8%	挂牌	7/7	中石油、德令哈国有资产投资管理集团有限公司、上海质跃矿业有限公司、青海平贵矿业有限责任公司	6.083 0亿元

（二）流转

随着国内外政治经济发展的要求和形势变化，油气勘查开发矛盾和问题逐渐显现，矿权管理体制机制已不适应新形势和新需要，油气市场化改革相对滞后，石油企业效益逐年下降，油气行业在全球变局中处于相对被动局面。推进矿权区块内部市场化流转改革，能够打破"画地为牢"格局，有利于统筹盘活油田板块的矿权、储量、技术、人力、设备等资源资产，发挥整体优势稳油增气，同时倒逼承接单位创新体制机制，大幅降低成本和盈亏平衡点，保障国家能源安全。

《关于深化石油天然气体制改革若干意见》中明确了矿权在企业内部和企业之间可以以市场化方式进行流转，但由于具有资质的市场主体较少以及油气矿权评估和具体交易方法等配套制度不完善，国内油气企业仅探索开展了企业内部矿权流转，尚未开展不同油气企业之间的矿权流转。

目前,中石油、中石化在积极探索企业内部矿权流转。为激活内部勘查开发市场,解决资源、人才、技术布局的不平衡问题,中石油综合运用市场化运作、社会化服务、流转区块分公司制、投资计划单列、财务预算单独核定、效益跟踪单独考核等改革举措,2017年对鄂尔多斯、四川、柴达木三大盆地及部分外围盆地共16个探矿权、采矿权开展内部流转。中石油青海油田4个探矿权和2个采矿权区块流转给辽河油田,长庆油田公司5个探矿权和2个采矿权流转给华北油田和玉门油田,西南油气田2个探矿权和1个采矿权流转给大庆油田,部分流转区块已见成效。2019年,在首批矿权流转取得阶段性成果的基础上,中石油全面启动第二批矿权内部流转工作。流转涉及38个探(采)矿权区块,约$8.57×10^4 km^2$的矿权面积,流转单位从油气田企业扩大到工程技术企业及外部企业,旨在进一步盘活矿权区块和未动用储量资产,充分激活内部勘查开发市场。与首批矿权内部流转工作相比,第二批矿权内部流转工作涉及的范围更广,流转区块数量和面积是首批的两倍以上,流转区块和单位选择更有针对性,将探矿权和未动用储量区块流转到有相关勘查开发经验、有成熟技术和人才力量的单位,以期进一步提升勘查开发效果,同时,解决老油田资源接替和扭亏问题,实现可持续有效益高质量发展。第二批矿权内部流转分3个层次推进,既有油气田企业内部流转,又有与工程技术服务企业风险合作,还有与外部企业风险勘查合作,推动国内勘查开发工作再提速。

中石化通过商议、内部招标等方式推动企业内部矿权流转。2017年,中石化旬邑-宜君致密油矿权区块流转通过招标会审方式,由专家从技术可行性、经济性、体制机制创新、运行组织保障、抗风险能力5个方面量化打分,择优从3家申请单位中选择河南油田作为流转接入单位,中石化在矿权区块内部市场化流转改革、探索难动用储量效益开发新模式道路上迈出关键步伐。为降低管理运行成本,旬邑-宜君区块按照项目化运作、市场化运行、社会化服务和精干高效的原则,组建了渭北油气开发项目部,实施独立核算和自主承包经营。

(三)退出

国务院地质矿产主管部门不断加强油气探矿权监管工作,对勘查投入不足的油气探矿权,督促矿业权人退出或核减一定比例的勘查区块面积,但由于我国矿产资源法律法规没有明确油气勘查区块退出机制,导致区块退出效果不够显著(表3-3)。

表3-3 中国油气探矿权履行勘查义务与退出区块面积情况

年度	油气勘查许可证数/个	油气勘查投入/亿元	登记勘查面积/km^2	每平方千米平均投入/万元	核减(注销)区块面积/km^2	勘查投入完成率/%
2005年	1035	286.2	430.2	0.7	—	41.1
2006年	1045	409.9	432.5	0.9	17.0	43.8

续表 3-3

年度	油气勘查许可证数/个	油气勘查投入/亿元	登记勘查面积/km²	每平方千米平均投入/万元	核减（注销）区块面积/km²	勘查投入完成率/%
2007 年	1029	506.9	441.6	1.1	—	—
2008 年	1011	488.0	423.4	1.2	—	—
2009 年	1096	510.4	423.7	1.2	9.0	—
2010 年	1089	616.5	429.3	1.4	—	—
2011 年	1085	674.7	423.3	1.6	2.9	—
2012 年	1034	786.6	406.0	1.9	28.1	76.6
2013 年	1068	741.0	413.1	1.8	6.5	63.1
2014 年	1030	724.2	397.8	1.8	19.3	66.0
2015 年	1000	601.2	370.7	1.6	23.4	—
2016 年	978	527.5	358.8	1.5	17.8	64.4
2017 年	941	597.3	330.7	1.8	24.9	—
2018 年	924	636.6	309.5	2.1	—	83.1

注：勘查投入完成率是指参与年检（或公示）且完成最低勘查投入的探矿权数量所占比例情况；"—"表示无数据或不可获得。

来源：《中国国土资源年鉴》和2015—2018年全国石油天然气资源勘查开采情况通报。

二、油气监管改革进展

我国油气资源勘查开采监督管理（以下简称"油气监管"）职责由自然资源部承担，近几年自然资源部在油气领域不断推进"放管服"改革，取得了一定进展。

依据《中华人民共和国矿产资源法》和《企业信息公示暂行条例》（国务院令第654号）等法律法规的有关规定，国土资源部《关于印发〈矿业权人勘查开采信息公示办法（试行）〉的通知》（国土资规〔2015〕6号），2017年油气矿业权人勘查开采信息公示工作正式启动，开始在油气领域全面推行"双随机、一公开"监管，即检查项目随机、检查人员随机、检查过程公开的监管方式。

信息公示之前，油气矿业权年度报告备案、油气督察是最主要的监管方式，年度报告备案始于2000年，油气矿业权人每年通过离线报盘方式向国土资源部提交年度勘查开采报告，油气督察在2001年油气督察员制度建立后开始实施，由国土资源部组织油气督察员，对矿业权人勘查开采过程中履行法定义务的情况进行检查。2017年之后信息公示成为最主要的油气监管方式，2017年随机抽取加专项抽查油气矿业权87个，26个省

（区、市）参与实地核查，有32个油气矿业权被列入异常名录。2018年随机抽取加专项抽查项目合计100个，24个省（区、市）参与实地核查。2019年随机抽取加专项抽查项目合计247个，24个省（区、市）参与实地核查，2019年在自然资源部抽查的基础上，山西省、福建省、江西省、湖北省、贵州省、新疆维吾尔自治区6个煤层气矿权审批试点委托省、自治区增加煤层气抽查项目。

监管方式转变带来监管主体的变化，在油气信息公示开展之前，油气勘查开采上游主要采取自然资源部一级审批和一级监管的管理模式，自然资源部是主要的油气监管主体，油气信息公示实施后，省级自然资源主管部门开始参与油气监管，监管主体逐步从自然资源部一级向部省两级转变，部省级间通过分工协作，自然资源部在油气信息公示工作中负责确定抽查名单和发布全国油气信息公示工作启动通知，省级自然资源主管部门负责组织本省行政区内实地核查工作，具体内容包括：制订工作方案、选派核查人员、现场核查、通过公示系统上报核查情况、提出异常名录建议等，部省两级联动为推动油气信息公示工作顺利实施奠定了重要基础。

三、油气资源税费改革进展

自2010年开始，我国开始对陆地油气资源税收政策进行重大调整，即加大地方税收的分配比例，以新疆油气改革为契机，进行石油、天然气资源税改革从价计征试点。财政部和国家税务总局发布了《新疆原油天然气资源税改革若干问题的规定》，规定指出：新疆原油、天然气资源税实行从价计征，税率为5%，并自2010年6月1日起执行。新疆油气资源税试点改革是我国资源税从价计征的成功探索，提高了地方在油气资源开发过程中的收益。此后，新疆经验继2010年12月1日起在西部12省推广开来。

2011年11月1日，国务院对《资源税暂行条例》作出修改决定，规定在全国范围内对油气资源征收5%～10%的资源税。至此，油气资源税的从价计征改革正式推广至全国，同时扩大了油气资源税的纳税人范围，使我国油气资源税的征收计算方式与外资企业的油气资源的税收制度相统一，公平了内外资油气田企业税负。相应地，《中华人民共和国对外合作开采海洋石油资源条例》和《中华人民共和国对外合作开采陆上石油资源条例》作出修改：取消矿区使用费，中外企业合作开采陆上或海洋石油资源的，现不再缴纳矿区使用费，统一缴纳资源税，内外资企业政策的统一有利于企业间开展公平竞争。

2014年10月，国家财政部与国家税务局联合发布《关于调整原油、天然气资源税有关政策的通知》，宣布自2014年12月1日起，原油、天然气矿产资源补偿费费率降为零，相应地将资源税适用税率由5%提高至6%。此外，将停止征收煤炭、原油、天然气价格调节基金，标志着国家在能源领域清费立税方面迈出实质性步伐。

2023年3月24日，财政部、自然资源部、税务总局修订印发了《矿业权出让收益征收办法》(财综〔2023〕10号),统筹兼顾矿产资源所有者、使用者、管理者等各方利益,既保持企业适当负担水平、有利于矿业可持续发展,又切实维护国家权益和社会利益、合理调节矿产资源收入。根据办法相关规定,自然资源部 财政部于 2023 年 8 月 25 日制定矿业权出让收益起始价标准的指导意见,油气矿产矿业权出让收益起始价的确定参照出让公告中上一个月上海原油期货活跃月份合约月均结算价(表 3-4)。

表 3-4 油气矿产矿业权出让收益起始价标准

出让公告中上一个月上海原油期货活跃月份合约月均结算价/(元·桶$^{-1}$)	出让收益起始价/(万元·m^{-3})	
	陆域	海域
<300(含)	0.4	0.2
300~400(含)	0.5	0.3
400~450(含)	0.6	0.4
450~550(含)	0.7	0.5
550~700(含)	0.8	0.6
>700	0.9	0.7

为实现国家矿产资源权益,营造公平的矿业市场竞争环境,国务院于 2017 年 4 月印发《矿产资源权益金制度改革方案》,规定:矿业权出让收益中央与地方分享比例确定为 4∶6,兼顾矿产资源国家所有与矿产地利益,保持现有中央和地方财力格局总体稳定;将探矿权、采矿权使用费整合为矿业权占用费,中央与地方分享比例确定为 2∶8,不再实行探矿权、采矿权使用费按照登记机关分级征收的办法,有效防范矿业权市场中的"跑马圈地""圈而不探"行为,提高矿产资源利用效率;将矿产资源补偿费并入资源税,取缔违规设立的各项收费基金,改变税费重复、功能交叉状况,规范税费关系。建立符合我国特点的新型矿产资源权益金制度,推进资源有偿使用制度改革,是维护国家权益、调节资源收益、筹集财政收入的重要手段。

以上油气资源税试点改革,是我国资源税改革进程中的伟大进步,取得了良好成效。

第二节 改革试点

2011—2018 年,为落实中央改革指导精神,国土资源部在油气管理改革中做了 5 个方面的工作。一是推进油气探矿权区块竞争出让,实行合同管理。改变原有探矿权出让以申请在先为主的方式,逐步实行油气探矿权竞争出让,2011—2018 年间,国土资源部陆续组织了11次竞争性出让,涉及到石油天然气、煤层气、页岩气等矿种,出让方式涉及到招标、拍卖和挂牌3种。二是部分放开石油天然气上游勘查开采市场。2015年将新疆作为油气管理改革的试点省区,推出5个石油天然气探矿权区块面向社会企业公开招标,最后3家社会企业竞得了4个石油天然气探矿权。三是将煤层气矿种的审批权限委托省级自然资源主管部门。2016年国土资源部将山西省行政区域内的煤层气探矿权和中型及以下煤层气采矿权审批权限委托给山西省国土资源厅,2017年国土资源部继续将煤层气探矿权和中型及以下煤层气采矿权审批权限委托给山西、新疆、湖北、江西、贵州和福建6省(区)国土资源厅。四是增加油气区块保障能力。一方面加大油气区块退出考核力度,2013—2018年间全国累计退出油气探矿权空白区块$100×10^4 km^2$;另一方面增加油气公益性地质调查资金投入,为下一步放开油气勘查开采市场奠定基础。五是持续推进制度建设。2017年陆续出台了《矿业权出让收益征收管理暂行办法》《矿业权交易规则》,为改革实践做好制度支撑。下面介绍试点省(区)的改革情况。

一、新疆维吾尔自治区

新疆油气资源丰富,石油地质资源量$228×10^8 t$,可采资源量$53×10^8 t$,分别占全国资源总量的22%和20%;天然气地质资源量$17.5×10^{12} m^3$,可采资源量$10.2×10^{12} m^3$,均占全国资源总量28%。此外,新疆煤层气资源丰富,2000m以浅的资源量约$9.51×10^{12} m^3$,占全国煤层气资源总量的26%。在新疆开展油气勘查开发的油气企业主要有中石油新疆油田分公司、塔里木油田分公司、吐哈油田分公司、中石化西北油田分公司、胜利油田分公司、河南油田分公司,北京能源集团有限责任公司,山东宝莫生物化工股份有限公司,中曼石油天然气集团股份有限公司,申能股份有限公司和新疆能源(集团)有限责任公司等。油气矿业权主要集中在中石油和中石化两家企业手中。

(一)政策支持

在党的十八届三中全会期间,李克强总理在听取新疆工作汇报后指出,十八届三中全会的一些改革措施可以在新疆先行先试。一方面,支持自治区参与中石油、中石化的一些项目合作;另一方面,也可探索由自治区负责组织一些油气区块的勘探开发,简化审批程序,鼓励民营经济参与。进一步支持新疆油气资源开发,动作要快,要更加合理地开发利用资源,惠及各族人民。在资源勘探开发上,要提高新疆本地的参与程度。

第二次中央新疆工作座谈会和《中共中央关于进一步维护新疆社会稳定和实现长治久安的意见》中提出:支持率先在新疆进行油气勘探开发体制改革试点,支持符合条件的企业参与新疆油气区块竞争出让,加快新疆油气资源勘探开发。

国家能源局出台服务新疆能源科学发展的若干意见,明确新疆在国家能源发展中的战略定位与发展方针,支持新疆先行先试,放开资源勘探市场,探索建立有进有退的矿业权制度,鼓励油气资源市场化转让,鼓励新疆符合条件的企业参与油气资源勘探开发。

(二)具体举措

(1)提出设想。新疆维吾尔自治区党委、政府选择以深化油气资源开发改革为新疆全面深化改革突破口,提出采取3种方式打开地方自主开发部分区块油气的大门:一是从中石油已有油气区块中,选择2~3个勘探成熟、储量较大、易于开采的区块,以新疆为主导进行自主开发;二是对中石化驻疆企业进行股份制改造,地方企业参股;三是从中石油、中石化中拿出2~3个区块,由自治区主导,面向全社会采取市场化方式有偿开发利用或进行风险勘探。

(2)制订方案。新疆维吾尔自治区前期做了大量的工作,成立了新疆油气勘查开采改革试点领导小组,研究制订了《新疆油气资源勘查开采改革试点工作方案》,明确新疆在油气矿业权管理方面的主要目标是打破垄断,放开市场,激发市场活力,加大油气勘探开发的投入。制订了油气勘查区块准入条件(投标企业必须是境内注册、最终绝对控股股东或最终实际控制人为境内主体、净资产达到10亿元人民币以上的内资公司)、竞争出让、退出、审批等创新机制。

(3)组织油气勘查区块招标出让。油气勘查区块招标出让是新疆试点中最重要的任务,2015年7月,国土资源部以招标方式公开出让首轮4个油气勘查区块探矿权,分别由山东宝莫生物化工股份有限公司、海城市石油机械制造有限责任公司和北京能源集团有限责任公司竞得,企业承诺3年内投资近85亿元。此次投标,民企投标承诺额远低于国有企业,竞争能力不足。

2016年,新疆维吾尔自治区国土资源厅在总结首批4个油气区块探矿权出让经验的基础上,配合国土资源部开展了中石化、中石油、中海油退出的29个区块查重优选工作。2017年7月,受国土资源部委托,新疆维吾尔自治区组织实施塔里木盆地柯坪西区块等5个区块探矿权的第二轮挂牌出让工作,要求竞得人必须在新疆维吾尔自治区境内注册子公司进行石油天然气资源开采。其中2018年1月3个油气勘查区块探矿权在新疆维吾尔自治区国土资源交易中心组织实施的挂牌出让活动中分别由新疆能源(集团)石油天然气有限责任公司、中曼石油天然气集团股份有限公司、申能股份有限公司竞得,出让收益27.4亿元,探矿权首次设立期限为5年,从勘查许可证有效期开始之日起算。

(4)支持地方发展。一方面积极协调、支持新疆企业参与中石油、中石化建立合作共赢、利益共享机制,在石油公司矿业权区块内,通过合资合作的方式开展油气勘查开采,使资源开发收益直接惠及当地。另一方面在油气勘查区块招标的评标标准中,明确勘查承诺相同时新疆企业优先;中标企业转入开采后必须在新疆注册企业;加大新疆油气基础地质调查工作力度。

(三)取得主要成果

在推进改革过程中,积极探索,进一步激活了勘探开发活力,初步形成了多元主体格局。据统计,改革试点以来,新疆维吾尔自治区成功出让了 26 个油气区块,引入了除中石油、中石化、中海油、延长石油之外的 12 家企业,包括 5 家新疆本土企业进入油气勘探开发领域。油气资源开发收益直接惠及当地,以央企属地化改革组建的红山公司为例,2012—2022 年,红山公司共产销原油 $422×10^4$ t,上缴各项税收 24.36 亿元。此外,自治区进一步完善了油气勘查区块出让制度、构建了部省两级监管体系、探索了加强事中事后监管的措施、营造了依法有序的勘查环境、落实地方安全和环保监管责任。

(四)存在问题

(1)目前新疆境内含油气盆地已全部被登记为油气区块,改革需要面对社会出让的区块只能从原矿业权人协调退出中取得,退出的区块往往资源潜力欠佳,加上社会资本专业实力弱,资料掌握不全面,总体上勘查资金投入不足,勘查进展较为缓慢,企业勘探和经营风险增加,参与油气改革的积极性受到影响。

(2)新进入企业经营成本高。新进入企业矿权获得方式为竞争性出让,矿权获得成本相较于通过登记在先方式获得矿权的企业要高,并且在后续经营上承担相同的税负,使新进入企业经营风险增加。

二、山西省

山西省煤层气矿业权大部分属于中石油、中联煤层气有限责任公司、中石化三大央企,而煤炭矿业权几乎全部属于山西省内企业。长期以来,受煤层气采矿权和煤炭采矿权归属不一致的影响(采气权归央企,采煤权归地方企业),央企和山西地方煤炭企业间时有摩擦。

(一)制度安排

(1)顶层设计。2016 年 4 月 6 日,国土资源部发布了《关于委托山西省国土资源厅在山西省行政区域内实施部分煤层气勘查开采审批登记的决定》,明确将山西省境内部分煤层气探矿权、占用储量中型及以下采矿权、煤层气试采审批以及日常监管权委托山西省国土资源厅行使,使矿业权逐步放开,做到有章可循。2016 年 5 月,国土资源部先后启用了特定矿种勘查/采矿登记专用印章(山西)矿产资源勘查/采矿登记专用章(山西),交由山西省国土资源厅管理使用。2017 年 6 月 7 日,国土资源部发布了《关于委托山西省等 6 个省级国土资源主管部门实施原由国土资源部实施的部分矿产资源勘查开采审批登记的决定》(国务院第75号令),将山西省试点时限由原来的2年延长至6年。2018年7月9日,自然资源部发布《关于委托实施煤层气勘查开采审批登记有关事项的通知》明确将油气矿业权范围内的新增煤层气矿业权的审批登记委托山西省自然资源厅办理。2018年7月10日,自然资源部又以《关于明确山西省等6个省级自然资源主管部门开展部分评审备案工作的函》,将国务院第75号令委托实施的部分矿产资源勘查开采审批登记所涉及的储量评审备案工作委托山西省自然资源厅实施,进一步达到了社会各界的改革预期目的。

国土资源部地质勘查司、油气战略研究中心与山西省自然资源厅建立了联席会议制度,及时移交管理资料,开展专项业务培训,经常交流工作进展,集体会商重要政策,联手开展实地调研,指导编制专项规划,共同组织公开出让,促进改革试点在规范中创新、在创新中规范。

(2)地方举措。在推动改革进程中,山西省主要有以下重要举措:一是接受部委指导改革创新。分管山西省油气试点改革工作的相关部领导,结合其他试点省份经验,指导部省企地联合行动,在更大的范围内释放改革效应,以加快山西煤层气产业发展。二是成立专门机构。2016年4月8日,山西省国土资源厅与国土资源部地质勘查司成立以常务副省长为组长的省煤层气勘查开采协调领导小组,推动改革事项。同时,山西省机构编制委员会办公室根据山西省人民政府决定,批准山西省国土资源厅成立油气资源管理处、山西省油气资源调查研究院,落实专人专责,有序承接。三是政策推动矿权管理工作逐步完善。山西省人民政府办公厅推动"153"计划,即编制一个专项规划(《山西省煤层气资源勘查开发规划2016—2020年》),出台5项制度(山西省人民政府办公厅印发4个规范性文件及审查工作细则),实施3个资源调查项目。规划、规范性文件和工作细则明确了规划分区管理、矿业权设置区划、重点矿区开发时序、落实新发展理念提升资源利用水平等重大安排部署,实施了鼓励煤层气产业用地政策、完善煤层气试采制度、化解煤层气矿业权重叠区争议等具体措施,构建了促进煤层气产业发展的全新政策环境,规范了内部审查程序与责任分工,明确了接受自然资源部监督环节和方式,严格了审批登记过程管理,保证了行政审批质量。

(二)实施情况

1. 煤层气矿业权公开出让

2016年7月19日上午,山西省国土资源厅为中联煤层气有限责任公司颁发了山西沁水盆地柿庄南区块煤层气勘查许可证(延续),标志着由国土资源部审批登记的部分煤层气矿业权证实由山西省国土资源厅实施审批,这也是山西省国土资源厅承接国土资源部委托后颁发的煤层气首证。

2017年,山西省国土资源厅确定柳林石西、安泽南等10个区块作为公开出让区块并顺利完成了竞争出让程序,在全国首次建立了煤层气资源市场化配置新机制,得到了上级部门和社会舆论的肯定。

公开出让的煤层气区块最小区块面积为 $51km^2$,最大区块面积为 $299km^2$,总面积约 $2043km^2$,预测总资源量 $4300×10^8m^3$。经过 2017 年 3 月上报计划、5 月上报出让方案、8 月发布出让公告、10 月封闭评标,最终 3 家省属企业和 5 家民营企业竞得 10 个区块,11 月 9 日正式签订了出让合同。企业承诺 3 年投入资金 10.73 亿元,每平方千米年度平均投入达到 17.50 万元。截至目前,10 个勘查区块中,有 9 个取得了实质性进展。

2. 保护区矿业权退出机制建立

2017 年,山西省煤层气区块内共计退出勘查面积 $2163km^2$,在保护区内油气矿业权退出处置方案,主要采取如下措施:一是明确要求各石油公司对本公司各类保护区内油气矿业权进行调查摸底和分类梳理;二是对公开出让煤层气区块,在制订方案时多次征求相关单位意见,并根据各单位反馈意见,相应调整区块坐标,同时编制各类文物保护单位、难以扣除的禁采区清单,作为提醒投标人落实保护和避让措施的依据,同时在公开出让实施方案中增加绿色勘查或和谐勘查要求,着力减少土地、森林、水资源等消耗,加快土地复垦,促进企业与地方的良好互动;三是持续探索创新探矿权人勘查投入考核工作,积极跟进生态文明建设要求,逐步细化核减勘查区块面积、避让各类保护区等具体政策。对有明确坐标的保护区进行扣除,有范围无坐标的保护区先列为避让清单,待具体坐标确定后再由矿业权人申请变更后进行扣除。

对于探明储量区与保护区重叠的矿业权,采取了过渡措施:待自然资源部和山西省保护区内油气矿业权退出有关政策出台后,按照处置意见另行办理。

(三)取得主要成果

山西省改革过程中,取得了如下成果:一是建立并进一步深化矿业权竞争出让机制;二是在推进"采气采煤一体化"上迈出新步伐,鼓励煤炭企业在本矿区范围内非重叠区增设煤层气矿业权,综合利用煤层气煤炭资源,有力促进煤矿企业在非重叠区块加快实施"采气采煤一体化";三是在加强采气采煤有序衔接上采取了新措施,使大部分煤层气与煤炭矿业权重叠问题等得到了妥善解决;四是跟进国家"放管服"改革步伐,促进油气企业加油减负,多次修改后形成《山西省煤层气勘查开采行业指南》;五是形成煤层气勘查开采企业与地方对接会机制,以补齐共商短板,加大共建力度。

在改革推动下,山西省煤层气勘查开采的活力被激活,提高了资源利用效率。截至 2017 年底,山西省煤层气累计探明储量 $6675×10^8m^3$,另有致密砂岩气探明储量 $3509×10^8m^3$,已建产能 $86×10^8m^3$。全年地面抽采量 $51×10^8m^3$,运行钻井 15 192 口。

(四)存在问题

改革早期出让的煤层气区块前期地质基础薄弱,中后期出让的也是原矿业权人退让的区块,资源品质属于中下品质,勘探开发难度大,社会资本少,技术实力弱,增加了企业勘探和经营风险,影响了它们参与油气改革的积极性。

矿权重叠的问题,折射出更深层次的利益分配难题。要避免因矿权重叠造成的利益纠纷,就必须对煤炭企业和专业煤层气企业进行有效协调。但在实际生产过程中,民营煤炭企业和国有专业煤层气企业之间由于双方不同的利益出发点,经常会各自为营,缺乏有效沟通,从而产生大量的利益冲突和其他方面的矛盾。为此,山西省国土资源厅印发了《山西省煤层气和煤炭矿业权重叠区资源利用安全互保协议书示范文本》,但是面对多年没有得到彻底解决的老难题,新政策是否有效,仍有待检验。

除了新疆和山西外,还有贵州、重庆等省(市)也在改革的路上做了许多工作,对油气资源勘查开发监督管理都进行了积极有益且极富成效的探索和尝试,取得了丰富的成果:一是要取得国家部委层面的支持,包括政策和技术等各方面的支持与指导;二是地方政府的积极争取和足够重视,各试点省份都是经过长期的努力争取到改革试点名额,在改革过程中给予足够重视,并完善人、财、物等各方面的配套条件;三是地方矿产资源主管部门积极主动作为,成立专门机构,并结合辖区实际,因地制宜建章立制。

但是受各种制约,改革中也面临一些难题。一是非常规油气与常规油气、煤炭等矿业权重叠,油气矿业权与各级、各类保护区、浅层矿泉水采矿权重叠等现象严重,制约油气资源的勘探开发,也给监督管理带来难题;二是中游管网和下游市场的垄断,严重制约上游油气资源勘探开发改革进程和实效;三是油气资源勘探开发行业投入大、风险高,通过竞争性出让获得矿权的成本比之前登记在先方式获得矿权的企业高,如果没有足够的政策(特别是金融和技术)支持,企业经营风险也更高。

第三节 改革成效

一、勘探主体趋向多元化

中国油气勘查开发能力有限,尚无法满足经济增长对能源的需求。因此,提高效率共享资源,也不再仅局限于"三桶油"及延长石油。我国油气勘查开发领域市场竞争主体少,容易造成市场竞争不足,油气勘查开发效率低、成本高。适时引入多元化市场主体,吸引外资进入上游勘查开发领域,与四大国有石油公司和民企并肩作战,将为上游领域注入新活力。

2015年新疆油气改革试点启动后,油气探矿权人又加入了北京京能油气资源开发有限责任公司、山东宝莫生物化工股份有限公司、海城市石油机械制造有限责任公司。对于页岩气探矿权,截至2016年9月14日,全国共设置页岩气探矿权44个,其中既有传统油气企业,也有中央企业和地方国企,还有2家民营企业。

2019年6月,国家发展和改革委员会、商务部发布《外商投资准入特别管理措施(负面清单)(2019年版)》,取消石油、天然气勘查开发限于合资、合作的限制。同时,取消50万人口以上城市燃气、热力管网由中方控股的限制,意味着油气上游勘查开发将向外资和民营企业完全开放,行业发展进入全新阶段。对外资限制的解除,将为油气上游竞争主体多元化带来良性刺激,形成上游油气资源多主体多渠道供应,并助推配套文件和规范细则的出台及投资环境的改善,为下游优胜劣汰、市场重组"添把火"。

二、监管环节提质增效

(1)监管过程更加公开。年检方式下监管过程相对封闭,信息公示下油气矿业权人年度勘查开采信息填报、随机抽查和专项抽查名单、实地核查情况、异常名录等监管过程都通过公示系统对社会公开,管理机关、矿业权人、社会公众都可以查询监管过程信息,监管过程更加公开透明,提高了监管的公正性,更有利于营造公开竞争的市场环境。

(2)油气矿业权人诚信自律程度加强。年检方式对油气矿业权人提交时间和数据准确性约束不够,油气信息公示下系统对提交时间和数据格式自动记录和校对,提高了矿业权人按期填报数据准确率。年检结果一般不对外公开,企业履行法定义务信息只有管理机关掌握,而每年开采信息和异常名录都对外公示,加大了监管的严肃性,促使油气矿业权人主动自律。

(3)政府监管效能得以提高。监管过程对外公开是对主管部门和油气矿业权人的双重约束,通过随机方式确定检查项目和检查人员,有效避免了管理机关检查的随意性,杜绝了任性检查,同时公民、法人或其他组织可通过公示系统提供举报线索,被举报矿业权及明显存在问题的矿业权是专项抽查的重点,随机加专项的监管布局更加规范,有效提高了监管效能。

三、油气增储上产实效显著

2019年,油气上游勘查喜讯频传,成果颇丰,一改过去产量下滑颓势。前三季度原油产量1.43×10^8 t,同比增长1.2%;天然气产量1277×10^8 m^3,同比增长9.5%,较上年同期增长3.3%。国家能源局制订的针对油气行业增储上产的"七年行动计划",强调石油企业要落实增储上产主体责任,不折不扣完成2019—2025七年行动方案工作要求。由此,油气攻坚战打响,为石油行业提供了足够长时间的景气向上周期。

为落实"七年行动计划",提升开发效率,谋求更广阔的发展空间,"三桶油"不仅各自加大上游勘查投入,还一改往日将矿权资源"紧攥在手"的局面,在上游勘查开发领域联手合作。比如,中石油和中石化就塔里木盆地、准噶尔盆地和四川盆地签订联合研究框架协议,首次大规模开展国内区块联合研究。中石化与中海油合作共涉及双方探矿权19个,总面积约 $2.69\times10^4\ km^2$。"三桶油"大幅攀升的资本开支和联手合作取得显著效果,陆上和海上的大型油气资源取得重大成果,新油气田密集发现,收获颇丰。

四、非常规油气领域业绩斐然

2012年报国务院批准页岩气为独立矿种,通过两轮区块招标方式引入了多家民营企业,广泛吸引民营资本进入油气勘查开发上游领域,为建立完善的油气勘查开发市场奠定了良好基础;同时,推进国有石油公司综合勘查页岩气,利用已有地质资料和勘查开发设施降低成本,加快勘查,促进了页岩气资源的综合开发利用。截至目前,页岩气产量超百亿立方米、页岩油形成亿吨级增储战场、煤层气开发日趋成熟,行业将迎来发展新时期。

五、煤层气勘查登记改革取得重大突破

2016年3月,国土资源部公布实施《国土资源部关于委托山西省国土资源厅在山西省行政区域内实施部分煤层气勘查开采审批登记的决定》,山西省国土资源厅取得了煤层气勘查审批登记权限。2017年6月,国土资源部公布实施了《关于委托山西省等6个省级国土资源主管部门实施原由国土资源部实施的部分矿产资源勘查开采审批登记的决定》,除山西省之外,福建、江西、湖北、贵州、新疆6个省(区)国土资源厅也获得了煤层气勘查审批登记授权。

2017年8月,山西省柳林石西等10个煤层气勘查区块公开招标启动,这开创了煤层气探矿权竞争性出让的先河。11月2日,对煤层气探矿权出让结果进行了公示,其中5家民营企业中标安泽南、平遥南等5个区块。2017年11月9日,受国土资源部委托,山西省国土资源厅与8家中标企业正式签署探矿权出让合同,10个煤层气区块3年拟投入10.73亿元,年均投入达到17.5万元/km^2。

第四节 面临的形势

经过对油气改革试点省(市、区)的广泛调研,结合收集的资料,分析研究发现,虽然我国的油气资源勘查开发改革不断积极地探索和尝试,成效颇丰,积累了丰富的经验,但是受各种制约,仍然存在一些难题。

一、法律法规体系不完善

立法先行是各国资源经济发展的成功经验，我国油气资源领域的法律体系建设严重滞后于发展速度。首先是基本法缺失，包括油气资源在内的能源基本法是立法的基础和依据，它的缺失导致国家油气资源战略、计划规划等的实施缺少依据；其次是能源类的油气单行法规缺失；再者，有关油气资源领域准入、价格制定、市场、投资以及运行秩序等方面法律法规调整不及时，造成油气行业投资和运行秩序不规范，不能满足对外开放和对内合作的要求，计划与市场、垄断与竞争的深层次矛盾无法解决。

二、勘探开发市场高度垄断

油气资源市场过分垄断，新进企业经营成本高，制约了市场上的有效竞争。油气矿业权实行竞争性出让之前四大石油公司通过申请、登记方式获取矿业权，不必通过招标等市场化方式获得，且不必支付相应费用；油气矿业权的持有并不需较高成本投入，最低勘查开发投入标准多年不变，现有国家石油公司占有绝大多数有利区块成为必然，缺乏有效竞争，制约了矿业权市场的培育。而新进入企业通过竞争性出让方式获得矿业权，获得成本相较于通过登记在先方式获得矿权的企业要高，并且在后续经营上承担相同的税负。以新疆油气改革为例，明确要求企业摘牌获得矿业权后两年内不得进行合资合作，因此增加了企业的经营风险，使其处于竞争不利状态。

另外，四大石油公司之间的合作不足，竞争不充分，在高风险、勘查前景较好的区域，没有采用国际惯用的风险共担模式来开展有效合作，以促进油气资源的勘查开发。

三、监管体系机制不健全

长期以来，我国油气资源管理缺少专业独立的监管部门，监管角色模糊、监管职能总体弱化、监管职权分散，如今油气资源的勘查开发管理职能分散在十几个部门之间，职权重叠现象存在。现行监管机构及管理体制存在权责交叉重叠现象，矿业权核准、方案审批、安全生产、生态环境保护等多部门参与，有时出现职责不清，难以实现高效协调。缺乏监管机构的监督体系，灵活性差。

油气资源勘查开发监管基本采取政策制定与监督合二为一的方式，导致市场监管不力。政监不分使政府机构陷入协调、仲裁、监督等纷繁复杂的监管工作中，不能集中精力研究制定油气资源管理的重大政策和战略，同时也导致了对石油公司的勘查投入是否满足最低标准的监督不够，"跑马圈地"等现象长期存在。

监管力量薄弱，监管能力严重不足，缺乏专业化队伍。自然资源部油气督察员的流动性比较大，在开展督察工作时有部分人员是临时抽调的从事固体矿产勘查和研究的人员，既无法保证专业性也无法保证工作的连续性，没有能力对全国油气资源勘查开采实行实质性监管。

监管手段方法单一，监管内容相对有限。监管方法主要审核石油企业报表和开展少量抽查；监管工作不规范，突击检查经常代替常规性监管，形式多为座谈、现场督察、查看资料；作为主要监管部门的自然资源部侧重于勘查开发工作量投入、矿业权方面的监管，对生态环境保护、安全生产等监管环节薄弱，无法实现全过程有效监管。

信息公示与其他矿政管理工作的衔接有待加强。目前，矿业权人每年需要完成矿产资源储量年度统计报表、矿产资源开发利用年报、勘查信息年报，以及勘查开采信息公示等多项填报工作，这些工作所需填报的信息存在大量重复，一方面增加了矿业权人的工作量；另一方面不同工作所填报的信息难免存在不一致的情况，造成同一管理部门不同统计途径所得的结果不一致。建议进一步整合优化相关信息系统，加强各系统之间的数据衔接与共享，尽量减少矿业权人重复填报，提高相关信息的一致性。

第四章　国际经验

世界正经历百年未有之大变局,新型冠状病毒感染疫情和俄乌冲突更是加速了变局,经济格局和能源地缘政治版图正在深度调整。油气资源是关系国民经济发展的重要战略物资,随着市场经济的不断发展和对外开放步伐的不断加快,推进油气资源勘查开采管理改革已是大势所趋。建立适合的油气资源管理制度,既需要借鉴有关国家的经验,又要考虑本国国情。本章拟通过对美国、加拿大、英国、挪威油气资源管理制度的分析,为完善我国油气资源管理制度和推进南海油气资源勘查开采改革试点提供参考。

第一节　美　国

美国油气资源管理发展历史较长,在长期的发展中不断完善,形成的管理模式较完备,法律体系完整规范,管理机构设置细致合理,为油气资源管理工作提供了根本保障,其油气资源管理模式和经验对海南省乃至我国都有重要的借鉴意义。

一、法律法规

美国油气资源法律体系由联邦和各州的成文法、普通法和美国宪法中的若干条款构成。自1872年《通用采矿法》问世以来,美国进行严格的依法管理已经有一百多年的历史,先后出台了《矿藏土地租赁法》《外大陆架土地法》《下沉陆地法》《地表资源法》《国家环境政策法》《采矿和矿产政策法》《联邦石油和天然气权利金管理法》《联邦土地政策与管理法》《地表矿山复垦与执行法》《天然气政策法》《联邦陆上油气租赁改革法》《能源政策法》等几十项法律,每项法律均做过多次修订。美国法律的快速高效更新与其联邦管理的机制体制特性有关,为美国矿产资源尤其是油气领域的快速、稳定、高效发展提供了根本保障,也积累了许多宝贵的管理经验。

美国油气资源法律制度呈现以下特点:一是立法体系健全,法律制度较完整,对不同专业领域进行了分别立法,通过这些立法,美国建立了一个以资源权属、勘探开采许可、环境保护、综合管理为主的多层次法律体系;二是可操作性强,各项制度都有系列配套的条款,特别是目标尽可能量化,受理程序和奖惩措施都很具体;三是法律制度呈现出与时俱进的特点。它们构成了美国目前油气资源有效管理、安全生产和以资源、环境与生态保护为主导的完整法律法规体系。

二、管理机构体系

(一)管理层级

美国是比较典型的实行土地所有权制度的国家,其法律规定地下矿产资源属于土地所有者拥有。美国的土地分别为联邦政府、州政府、印第安部落或私人所有,因此矿产资源也就分别为联邦政府、州政府、印第安部落和私人所有。美国陆上土地中,76%为私人土地,8%为州政府土地,16%为联邦政府土地。绝大多数土地的地面所有权是与地下矿产资源所有权一致的,私人土地中只有14%的土地,地面使用权属于私人,地下矿产资源所有权属于联邦政府。联邦政府除拥有上述的陆地矿产资源外,还拥有沿海约4.8km以外至200海里(约370.4km,1海里≈1.852km)大陆架的矿产资源。正是由于土地所有权和矿产资源所有权的属性不同,从而形成了美国特色的矿业权管理。美国的油气资源管理模式就是在这个大的矿产资源管理机制背景下形成的,其管理层级如图4-1所示。

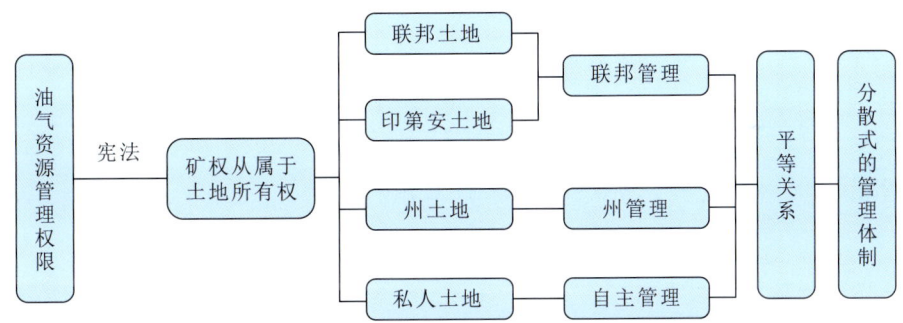

图4-1 美国油气资源联邦政府管理层级图

从油气资源管理角度来看,在联邦、州与私人之间,没有隶属关系,而是平等关系。这样的关系决定了油气资源的管理体制是一种分散式的体制,也限定了各级管理机构的职能权限范围。

(二)管理机构和职能

美国对油气资源的管理涉及联邦、州及行业市场等多个层面的多个部门和机构(图4-2)。从管理模式看,主要实行"政监分离"的方式,而且联邦政府和州政府在油气能源管理事务上相互独立,各有分工。美国内政部(united states department of the interior,DOI)是美国联邦层级负责监管油气资源勘探开发活动的机构,联邦政府和州一级在油气资源监管上职能相对独立,各州设有专门的机构负责本州范围的油气资源监管,一般是由公共事业管理委员会从事监管。

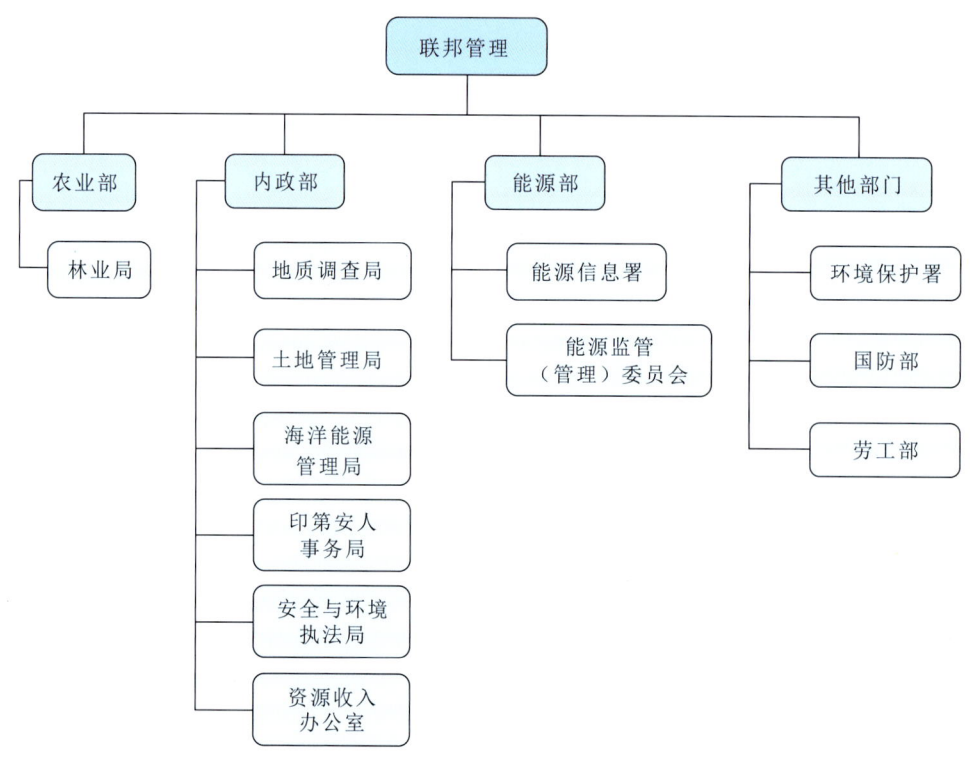

图4-2 美国油气资源管理机构图

1. 联邦管理机构及职能

在联邦政府层次,主要涉及内政部、能源部、农业部、环境保护署、国防部等部门,同时还包括一些国家科学基金会等部门。

美国内政部于1849年成立,其职能与我国的自然资源部类似,是美国联邦政府公共土地(包括联邦所管辖的海洋水域)、油气及其他矿产资源的主要管理部门,其职能是:恢复和保护国有土地、水利、矿产等资源;保护国家自然和文化遗产;合理使用和发展联邦管辖的各种资源;保护各种动植物;负责联邦有关印第安人部落和阿拉斯加土著人事务;完善国外国土资源管理体制,提高对自然的认识;提供各种科学信息;公平有效地执行有关矿产资源法律。

内政部负责联邦油气资源管理的机构主要是土地管理局(bureau of land management,BLM)、海洋能源管理局(bureau of ocean energy management,BOEM)和环境安全执行局(bachelor of science in electrical engineering,BSEE)(表4-1)。其中,土地管理局主要负责美国联邦陆上油气资源的管理、租赁与督察;海洋能源管理局主要负责海上油气区块的租赁和管理;环境安全执法局主要负责海上油气资源的许可发放与督察。除此之外,内政部还分别设立了地表采矿办公室、美国地质调查局、复垦局、印第安人事务局、国家公园管理局、鱼类和野生动物管理局等,对应不同的土地和资源管理职能,其中海洋能源管理局和安全与环境执法局负责美国海上油气资源的管理和督察工作。

表4-1 美国内政部内部机构及其职能表

内部机构	职能
地质调查局	①对全美国能源资源的分布、数量、储量与质量予以评价; ②为制定公平有效的自然资源开发和环保公共政策提供重要依据
土地管理局	①地籍管理,建立空间数据管理系统与地理信息系统; ②负责联邦陆上石油、天然气和地热矿权的出让,钻井许可证的批准,土地和矿产所有权的管理
海洋能源管理局	①大陆架油气矿权的出让; ②海上油气勘探开发计划的制订
印第安人事务局	管理印第安部落或成员信托土地(含地表权和地下矿权)的出让
安全与环境执法局	①负责对大陆架的石油、天然气勘探、开发和生产经营进行监管; ②审查和批准海上设施所有者和经营者提交的漏油应急计划
资源收入办公室	①对联邦土地(含大陆架)和印第安土地上矿产产量的统计和公布; ②对联邦土地(含大陆架)和印第安土地上矿产地租、矿费等的收取

美国能源部(department of energy,DOE)于1977年成立,其部分职能与我国的国家能源局类似。主要负责美国联邦政府能源政策制定、行业管理、技术研发、武器研制等。主要目标是提高能源效率,提高应对能源危机的能力,促进环保能源的生产和利用,通过不断的科技进步拓展未来能源渠道,在能源问题上进行国际合作。下属机构主要包括能源信息署(energy information administration,EIA)、能源监管委员会和一些项目研究机构以及下属实验室。

环境保护署(environmental protection agency,EPA)在油气资源管理中属于美国联邦政府的一个独立行政机构,主要职能是维护和保护自然生态环境及人类健康不受环境危害影响,依法进行油气资源环保监督和执法。在检查过程中如发现有不符合国家标准的,环境保护署有权对其进行相应的处罚和制裁。由于油气资源的开发和利用活动对环境有着巨大的影响,环境保护署的监管措施是影响油气资源的生产、开发、运输和分配的一个主要因素。

美国农业部涉及油气资源管理相关的主要机构是农业部下设的林业局，它负责森林地区油气资源的管理并协调内政部在森林地区的油气资源开发管理工作。

2. 州管理机构及职能

在州油气资源管理机构上，美国绝大多数州都设立了自然资源部（各州该部门名称不尽相同，有的叫环境与自然资源部，有的叫土地与自然资源部等）统一管理州所属的土地及其下的矿产资源。部分州未设立自然资源部，但是设立了环境保护部管理土地资源及相关产业，其管理类型的范围大致与设立自然资源部的州相当。这部分采用一个部门进行土地矿产资源综合管理的州占到美国50个州中的约80%，还有约20%的州依据自身的条件，建立了多个部门管理矿产资源，比如在弗吉尼亚州，与油气资源管理有关的主要部门有环境质量部、保护和休闲部（全州最主要的土地保护部门）、矿产矿业和能源部、森林部等，但仅从油气资源管理的角度来看，部门机构也比较集中。

在美国各州，联邦管理机构依然可以发挥其对联邦土地的管理职能。一般情况是联邦机构在各州设立机构和地区办公室，这些机构和办公室直接接受联邦机构的管理。在涉及有关州级事务时，与州级机构共同合作完成，发生矛盾时，通过协商机制进行解决。这些联邦代理机构主要有农业部的林业局，内政部的土地管理局、地表采矿局等。

（三）行业协会的管理

除了政府的管理机构以外，美国油气资源产业市场上还存在着极具特色的行业协会，它们以自律的方式加强了对整个油气资源开发利用的管理效能。

美国石油学会（american petroleum institute，API）及美国天然气协会（american gas association，AGA）作为市场企业的协会代表，一方面通过其活动获取大量的市场信息，另一方面又通过与政府协商制定相关行业标准来参与美国油气资源管理，发挥了重要的管理桥梁作用。

三、矿权出让

美国的油气资源管理机制在世界上是较为复杂的，但整体来看其油气管理机制与矿产资源管理机制是一致的，美国现行的法律法规按照不同矿种的成矿特点、分布状况、开发特点以及在国民经济中的不同地位等规定矿种的出让方式（图4-3）。

油气资源由于矿床面积大、产值高，行业内竞争性强，因此联邦政府规定一律采用竞标的方式出让矿权，在规范开采活动的同时，确保了政府在开发活动中的利益。

联邦陆地矿权出让途径相对简单。土地管理局将矿权出让给作业公司，所在州监管机构对其作业进行监管，作业公司向内政部资源收入办公室缴纳矿费和地租等。

第四章　国际经验

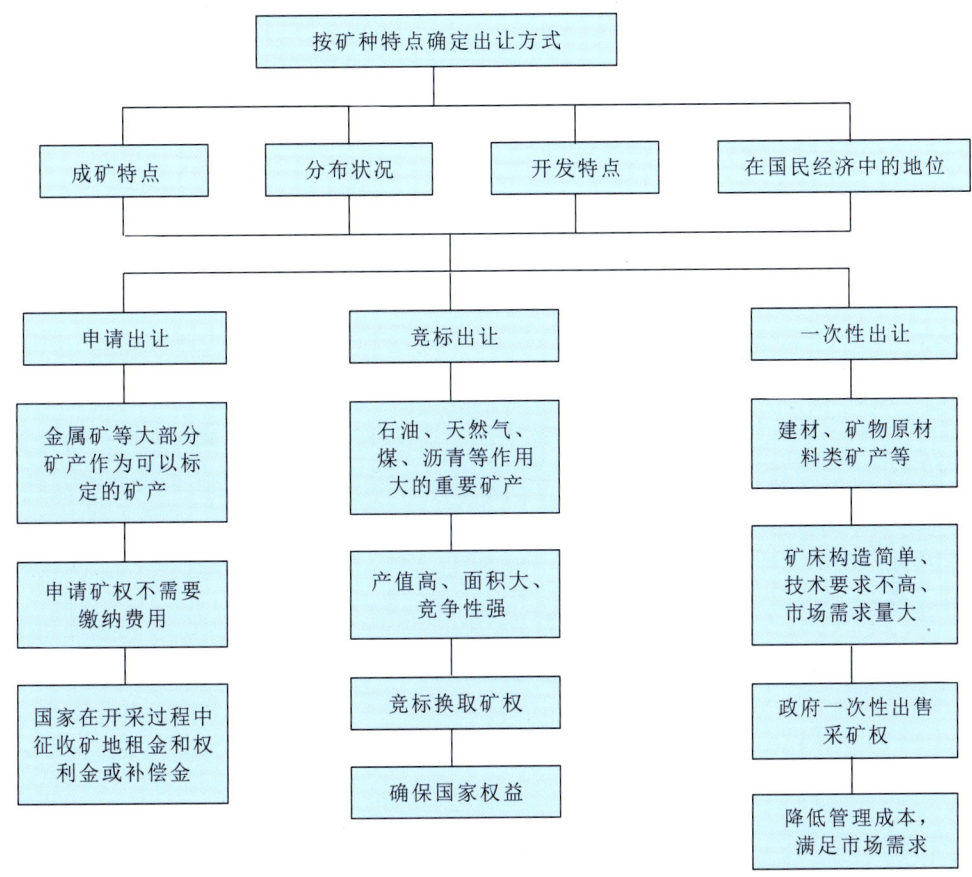

图 4-3　美国按矿种特点确定出让方式的管理机制图

联邦海域矿权出让流程相对特殊。矿权由海洋能源管理局出让给作业公司，海上作业全部由安全与环境执法局监管，作业公司将矿费和地租上缴给内政部资源收入办公室。

印第安信托土地的矿权出让流程相对复杂。印第安部落土地的地表权属和地下矿权归印第安部落和私人所有，但是印第安部落土地（包括地表权属和地下矿权）的管理由印第安人事务局负责，印第安部落或个人没有自主权，故印第安部落土地也称信托土地。印第安人事务管理局将矿权出让给作业公司，作业公司的作业受到所在州监管机构的监管，同时作业公司须向资源收入办公室缴纳矿费和地租等，然后由资源收入办公室返还给印第安部落或个人。

四、管理特点

（一）管理机构分工明确，职能具体

美国油气资源管理机构分联邦和州两级，两级之间是相互合作的平等关系，每一级分上游勘探开发和下游运输销售，每一级也分监管与管理两个方面。

就联邦而言，上游的管理机构主要是内政部，监管委托给各州监管机构，同时也受到其他部门的监管，比如林业局和环境保护署等；下游的管理与监管属于联邦能源监管（管理）委员会。

不同的州管理机构也不同，上游的监管和管理可能属于同一机构，也可能不属于同一机构。即使监管和管理职责同属一个机构，其某一具体职责都会由分支机构负责，下游的监管与管理属于公共事业管理委员会。

综上所述，美国油气资源管理机构分工明确，职能具体，尤其是管理与监管分工明确，做到有部门管理就有配套的部门监管。"政监分离"的机构设置，体现了美国三权分立、分权制衡的思想；同时，联邦政府向州政府分权，又与美国宪法规定赋予各州立法权、地方自治权相一致。

（二）依法办事，重视协商

美国是一个法制化的国家，其在矿产的采集、租赁、矿费的收取、矿山的复垦及监管方面颁布了很多法律。这些法律法规为管理和监管部门提供了法律依据，使得各部门可以依据相关的法律条款对油气公司进行管理、监管与处罚，也可以使油气公司按照统一的法律法规来执行油气勘探开发活动，有效地约束了作业公司的行为，例如加利福尼亚州油气与地热监管局就是以《加利福尼亚州油气保护法》作为监管依据。

同时，当政府、企业和个人之间产生矛盾时，协商也是解决问题的有效途径。油气行业的协商主要体现在4个方面：一是联邦同级部门之间的协商，比如土地管理局和林业局之间签订的备忘录；二是联邦同州两级之间的协商，比如联邦环境保护署与州环境保护机构之间关于案件处理的协商；三是企业和政府之间的协商，比如企业通过行业协会向政府表达诉求；四是企业与个人之间的协商，比如谈判矿权出让的条件。

依法办事、重视协商集中体现了美国的法制化思想。各项法律法规为政府、企业和个人解决矛盾提供了依据和底线，在此底线或基础之上，形成了重视协商的办事方式，协调解决油气资源管理中面临的问题。在这种情况下，严肃与灵活并举，有效地促进了美国油气市场的蓬勃发展。

(三)市场自由与宏观调控相结合

美国是一个高度市场化的国家,市场经济异常活跃,市场自由主要体现在以下两个方面。

(1)矿权交易方面。美国的矿权交易市场非常活跃,企业可以采取公开竞价的方式获得联邦政府的矿权,可以通过招标方式获取各州矿权。私人矿权的交易则更加自由,私人可以选择出让自己所有土地的地表权和(或)地下矿权,也可以选择出让地下的某一层系(类别)矿产。租地人只要和私人就定金、地租、矿费问题谈判达成一致,就可以取得矿权和(或)地表权,这一过程不受政府干预,定金的数额,地租、矿费的比例都是由双方协商确定。

(2)行业协会方面。行业协会由企业和消费者自发组织成立,是非营利性机构,其向下可以收集大量的市场信息,实时分享给会员使用;向上可以与政府协商,让政府了解当前的市场动态,制定相关的行业标准。

美国对油气行业的宏观调控主要体现在两个方面:一是国家能源战略、能源政策的制定;二是国家对油气行业财税政策的制定,例如 20 世纪 80 年代美国页岩气的发展,一定程度上得益于财政补贴优政。

美国的这种自由市场经济模式下的宏观调控,更多地通过市场机制配置资源,通过宏观调控引导方向,将"看不见的手""看得见的手"相结合,有效地促进油气市场在正确方向上快速发展。

第二节 加拿大

加拿大矿产资源十分丰富,石油天然气储量位居世界前列。经过几十年的发展和改革,加拿大油气资源管理体制已较为完善,学习其先进的油气资源管理经验,对于深化我国油气制改革、建立合理的油气资源管理体制具有重要意义。

加拿大是由 13 个省(区)组成的联邦国家,其油气资源管理机构分为联邦和省两级。加拿大宪法规定联邦和省级政府各自拥有独立立法权限。因此,除环境和矿山复垦等协调问题外,联邦和省级机构是分工协作的关系,分别按各自的法律法规所规定的管理权限行使职责,相互分工管理油气矿权。

一、法律法规

加拿大联邦政府涉及石油天然气的法律法规有《加拿大石油和天然气操作法》《加拿

大环境评估法》《北方管道法》《加拿大石油资源法》《加拿大运输法》等。

加拿大是联邦制国家,联邦和省的能源主管机构之间不存在行政等级关系,省政府都有独立于联邦的立法权,各省政府制定适用于本省(区)的油气资源管理的法律法规。

以育空区为例,其管理油气资源的法律法规主要有《石油天然气法》《石油天然气授权规章》《石油天然气权利金规章》《石油天然气钻探与生产规章》《石油天然气地球科学勘探规章》《石油天然气许可证管理规章》《天然气加工厂规章》《石油天然气管线规章》等。其中,《石油天然气法》是主导性法律,该法对油气活动管理、油气权、油气活动的许可程序、油气经营与运作、环境影响评估、土地准入、利益协议、权利转让、油气权利金、稽查与检查、违反规定的处罚等都作了明确规定。

《石油天然气钻探与生产规章》着重规范和管理境内的油气钻探运作、油井运作、野外设施建设以及生产和环境保护活动等,包括油井许可证和油井审批程序、安全与环境保护、监督检查、油井评价等。

《石油天然气许可证管理规章》建立了获得许可证以开展油气运作的条例和规定。

又如阿尔伯塔省,涉及到油气资源的法案主要有《矿物与矿藏法》《石油天然气保护法天然气资源保护法》《能源开发责任法》《公共土地法环境保护和改善法》等,法规主要有《矿物与矿藏管理条例》《天然气权利金条例》等,规章主要有《石油天然气保护规则阿尔伯塔省能源监管局实施规则》等。

总体上加拿大油气资源管理法律法规非常健全,覆盖油气矿业权出让、占有、油气资源开采及油气田环境治理和恢复各个环节,使得政府能够实现油气矿业权管理有法可依,并保障投资者获得油气合同、开展油气勘探开发作业有章可循。

二、管理机构体系

(一)管理层级

根据加拿大联邦宪法规定,加拿大的土地所有权分为地下权(包括地下矿业权)与地表权,地下矿业权一般从属于地表权,地下矿产资源的所有权一般归属于地表权的所有者(包括联邦、省、私人和土著,如图4-4所示)。而地下矿产资源(包括油气资源)的管理权限则依据不同的所有权分别归属于联邦和省,二者之间属于分工协作关系。

总体来看,加拿大的土地依据所有权归属可划分为4个部分:①联邦政府土地,包括努纳武特地区、国家公园、沿海大陆架及内海等,约占30%,这部分土地的地下油气资源主要归联邦政府管理,仅有加拿大东南部分岛屿和大陆架地区的油气资源管理权限下放给了新斯科舍省、纽芬兰-拉布拉多省;②土著部落聚居地,占比极少,地下的油气资源归联邦政府所有和管理;③省(区)政府土地主要分布于各省,约占60%,油气资源由省政府

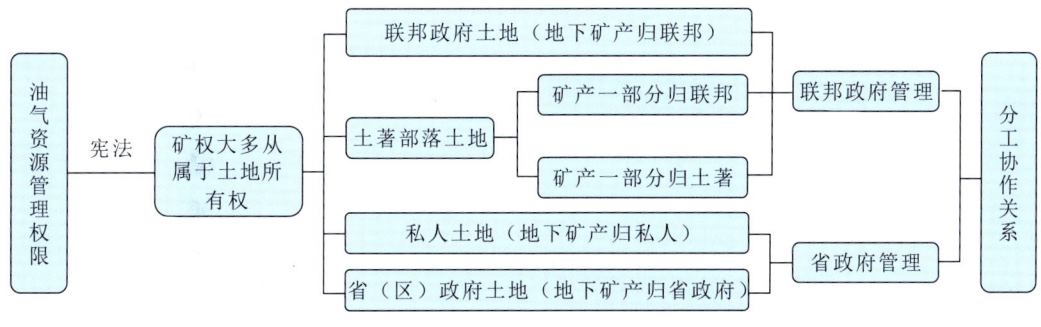

图 4-4 加拿大油气资源管理层级框图

管理;④私人土地约占 10%,地下油气资源归私人所有,但管理权归省政府。由此可见,加拿大的油气资源管理分为联邦管理和省(区)管理。

(二)管理机构和职能

联邦政府机构主要控制省(区)间和国际贸易所得税,从科学技术、劳动、安全和环境保护角度管理矿业活动,协调联邦机构、省级机构、企业等利益主体间的关系,从宏观上控制本国的矿业。联邦机构按现行法律规定在一定范围内拥有对油气资源的直接控制权,采矿业一般由省级部门直接管理,发挥了当地政府在矿产资源管理方面的能动性,同时省级部门负责省内矿权的管理和出售,制定政策管理油气勘探开发活动。联邦政府对省区只有评论权,但加拿大3个少数民族地区的矿权归联邦所有。

1. 联邦管理机构

在联邦层面上,负责油气管理的主要有两个部门,包括自然资源部和土著与北方事务部,另外,国家能源委员会和印第安资源理事会参与油气资源的管理工作,其他部门包括税务部门、司法部门、环保部门等也对油气资源管理提供服务并协助管理。

加拿大自然资源部是联邦政府的重要组成部门之一,是油气资源的主管部门,专门致力于能源、矿产、金属、森林与地球科学的可持续发展,长期利用科技、政策和计划方面的专业特长解决国内的能源问题。主要职责是:加强国家自然资源的开发和利用;提高加拿大天然资源性产品的竞争力;提供最前沿的地球科学知识促进国家资源的有效利用;进行技术创新以确保自然资源的可持续发展;制定政策法规和方案来增强自然资源部对经济发展的贡献,确保为社会提供最经济的服务,提高民众的生活质量。

目前,加拿大自然资源部内设 13 个部门,包括 7 个司,分别为行为管理和服务司、交流和管理职权司、创新与能源技术司、战略政策与绩效司、土地和矿产司、能源司和审计与评价局;2 个局,分别为法规局和加拿大森林局;3 个办公室,分别为重大项目管理办公室、首席科学家办公室和原住民伙伴关系办公室;1 个署,即北方管道署。其中能源司、土地和矿产司、地球科学局 3 个部门涉及油气资源管理的相关工作,各部门的详细职能如表 4-2 所示。

表 4-2 加拿大自然资源部与油气资源管理相关的内设机构及主要职能

内设机构	职能
能源司	①制定国家能源发展的政策方针; ②审批和颁发哈得逊湾及西部沿海大陆架等地区油气勘探开发证件; ③收取上述地区的矿费和地租等; ④与其他政府部门、省份和地区以及其他加拿大和国际合作伙伴合作,在考虑新政策、实践和技术的情况下,分析加拿大资源潜力和解决能源需求; ⑤帮助加拿大人从安全可持续的生产和使用能源中获得经济、环境和社会效益
土地和矿产司	①对加拿大矿产资源的分布、数量、储量与质量予以评价; ②对采矿和金属行业提供技术和信息支持
地球科学局	①运用科学的方法对加拿大的地质进行调查,并绘制成图; ②对加拿大全境进行测绘并建立地理信息系统; ③对加拿大全境的地理状况、行政区划以及地名资料进行收集,并绘制成图

土著与北方事务部是加拿大联邦政府的下属部门,主要负责加拿大的土著事务和北方发展事务。土著与北方事务部管理范围大,管理部门众多,管理的事务重要。与油气资源关系密切的部门包括各地区办公室、北方油气分局和印第安油气分局。各地区办公室共有 10 个,新不伦瑞克省、新斯科舍省、爱德华王子岛省、纽芬兰-拉布拉多省因为面积太小,统一由大西洋地区办公室管理。印第安油气分局是该部的独立机构,由土著与北方事务部和印第安资源理事会共同建立。上述部门的具体职能见表 4-3。

表 4-3 加拿大土著与北方事务部与油气资源管理相关的内设机构及主要职能

内设机构	职能
各地区办公室	①处理好联邦政府、省政府、土著政权之间的关系; ②下达联邦政府指令,上传土著及北方人民的诉求及处理相关问题
北方油气分局	①审批和颁发努纳武特地区及大陆架涉及油气勘探开发的证件; ②制定矿费收取系统,并收取努纳武特地区及大陆架的油气矿费; ③识别和评估努纳武特地区油气资源潜力,鼓励公司通过租赁活动,对油气资源进行勘探开发
印第安油气分局	①印第安部落油气矿权出让所有证件的审批与发放; ②对所有印第安部落矿费的收取; ③识别和评估印第安部落油气资源潜力,鼓励公司通过租赁活动,对油气资源进行勘探开发

国家能源委员会是加拿大独立的能源管理与监管机构，由自然资源部代管，但不受其行政上的领导，独立行使职能。国家能源委员会主要涉及4个方面的油气管理工作：一是天然气管道的建设与运营，油气、电力的运输与销售；二是联邦土地上油气勘探与开发活动的管理与监督；三是对特定能源问题进行研究，提供自然资源部部长关于能源监管方面专业的建议；四是监测当前和今后加拿大的主要能源商品供应情况，提供及时准确客观的能源信息和建议。

国家能源委员会是加拿大油气资源管理方面的综合型部门，其工作的法律依据是《国家能源委员会法》，所有作业公司，比如钻井公司、测井公司、采油公司等的运营证（类似中国的营业执照），皆由国家能源委员会审批，其具体职能见表4-4。

表4-4 加拿大国家能源委员会职能

主要职能	具体职能
能源运输	①跨国际管道的建设、运行和放弃边界或省/领地边界，以及相关的管道通行费关税； ②建设和运行国际电力线路并制定省际电力线； ③原油、天然气、NGL（液化天然气）以及炼制品的进出口活动
监管职责	①在联邦土地上，国家能源局对石油和天然气勘探和开发活动具有监管责任； ②对开发过程中的作业进行环境评估； ③对行政决策举行听证会和对油气作业违法行为进行处罚
信息发布	①监测联邦政府管辖范围内能源供应、需求、生产、开发等方面的贸易，准备咨询报告； ②收集加拿大油气资源、电力及管道的数据，定期进行发布

国家能源委员会最权威的职能是《国家能源委员会法》赋予的"最高法院"式的独立行使职权的权力。"独立行使职权"是指委员会虽然隶属于加拿大自然资源部，但独立行使监管职能，委员会每年通过加拿大自然资源部部长向议会汇报工作。"最高法院"是指委员会的最终裁决具有法律效力，前提是委员会以合法合理的方式在法律的范围内做出的裁决不受任何人的质疑。监管的决策程序十分透明，在做出独立决策时，要提供决策理由。被监管者可以对监管者的决策进行公开的质疑、起诉，以维护自身的合法权益。国家能源委员会类似民事法院一样对申请的诉讼举行公众听证会。个人、利益团体、公司和其他组织可以参与听证会，同时听证会有类似民事法院的法庭记录。国家能源委员会的监督管理过程公开、公正并且透明。

除了《国家能源委员会法》规定的职责外,委员会也要履行《加拿大石油和天然气操作法》《加拿大环境评估法》《北方管道法》《加拿大石油资源法》《加拿大运输法》规定的相关职责,委员会的管辖范围已扩大至包括管道运输以外的石油或天然气。

此外,国家能源委员会与省和联邦机构合作,降低监管重叠提高监管效率。同时委员会与其他国家合作实施共同监管,特别是与美国联邦能源监管委员会签署协议来协调跨境项目的监管办法。

2. 省(区)管理机构

加拿大领土面积约 $998\times10^4 km^2$,行政单元上分为十省三区,十省分布于南部,分别为不列颠哥伦比亚省、阿尔伯塔省、萨斯喀彻温省、马尼托巴省、安大略省、魁北克省、新不伦瑞克省、爱德华王子岛省、新斯科舍省和纽芬兰-拉布拉多省;三区分布于北部,分别为育空地区、西北地区、努纳武特地区。2003年之前,十省已具有自己独立的油气资源管理权限和管理体制,而三区的油气资源则一直由联邦政府代为管理,但是随着三区经济的发展和事务的繁多,联邦政府难以管理如此巨大面积的领土,因而在2003年和2014年先后将油气资源的管理权和所有权全部下放至省(区)政府。

加拿大是联邦制国家,联邦和省(区)的能源主管机构之间不存在行政等级关系。加拿大各省(区)政府设有油气资源的主管部门,有的省设有专门的石油和天然气部负责油气资源管理,如不列颠哥伦比亚省;有的省是矿产资源部负责油气资源管理,如马尼托巴省;还有的省是由自然资源部负责该省的油气资源管理工作,如魁北克省和纽芬兰-拉布拉多省。虽然名称不同,但都是只在本省区范围内独立行使油气资源管理职权,与联邦的能源监管委员会合作协调管理跨省的矿业活动,负责管理本省(区)范围内的油气资源勘探、开采、油气田基础设施建设、管道建设、区域环境治理和恢复,维护与油气资源有关的投资利益;提供专业知识帮助政府制定决策;保护社会民众财产的安全;提供公共的科学信息和咨询服务。联邦政府机构对省(区)的矿业活动只有评论权,通过各省的行业协会跟踪了解各省(区)的矿业情况,协调联邦政府与省区的矿业活动,了解本省(区)矿业在国际上的地位。

各省(区)也都设有油气资源监管机构,并依据各省的能源相关法律在本省内行使监管职权,省级能源监管部门与国家能源委员会之间不具有上下级的领导关系。

加拿大有7个主要矿业大省,分别是阿尔伯塔省、不列颠哥伦比亚省、马尼托巴省、纽芬兰-拉布拉多省、安大略省、魁北克省和萨斯喀彻温省,各个省份油气资源管理机构和设立监管机构的法律见表4-5。

表 4-5 加拿大 7 个矿业大省油气资源管理机构和相关法律

省份	油气主管部门	油气监管机构	设立监管机构的法律
阿尔伯塔省	能源部	阿尔伯塔公共事业委员会	《阿尔伯塔公共事业委员会法》
不列颠哥伦比亚省	石油和天然气部	石油和天然气委员会	《石油和天然气活动法》
马尼托巴省	矿产资源部	石油和天然气保护委员会	《石油和天然气法》
纽芬兰-拉布拉多省	自然资源部	纽芬兰和拉布拉多省离岸石油局	《加拿大纽芬兰-拉布拉多大西洋协议实施纽芬兰-拉布拉多法》
安大略省	北方发展、矿业与林业部	矿业法现代化秘书处	《矿业法》
魁北克省	自然资源部	交通运输部	《矿业法》
萨斯喀彻温省	经济部	萨斯喀彻温能源与矿业部	《石油和天然气保护法》

三、矿权出让

加拿大油气矿业权区块主要通过拍卖和工作承诺招标进行出让,下面以阿尔伯塔省为例,介绍油气矿业权区块出让方式。

阿尔伯塔省政府通过出让油气合同赋予投资者在油气区块特定区域和地层勘探、开发、生产和销售油气的权利。合同持有者获得油气区块后,进行的一切油气勘探开发生产活动都要遵守阿尔伯塔省相关法律法规的规定。阿尔伯塔省石油天然气合同分为油气许可和油气租约两种;油砂合同同样有油砂租约和油砂许可两种。政府根据油气区块的资源潜力情况,选择使用许可或者租约,通常有储量的区块用租约,资源潜力不明、没有油气产量的区块用许可。

根据《矿物与矿藏法》规定,阿尔伯塔省油气合同出让主要有两种方式,一是公开招标,二是申请购买。绝大多数油气合同的授予都是通过公开招标方式完成的,招标通过网上系统进行,每两周举行一次,价高者得,以最高应价购得标的的竞买人与政府签订石油天然气租约或许可。阿尔伯塔省一次油气合同竞争出让周期大约是 17 周,平均每年举行 21 次油气合同公开招标。

投资者直接向政府申请购买石油天然气合同分为 3 种情况:一是油气矿业权是共有产权(皇家和私人共有)已经取得私人产权的情况下;二是石油合同增列天然气或天然气合同增列石油;三是油砂合同增列石油天然气。而直接申请购买油砂合同有两种情况:一是油砂矿业权是共有产权(皇家和私人共有),已经取得私人产权的情况下;二是石油天然气合同增列油砂。申请购买也需要在网上系统进行，大概需要花费2个月的时间。

阿尔伯塔省能源部招标出让油气合同时，规定最多只能投标政府油气合同数的20%。投标人通过提交投标文件参与竞买油气合同，一个投标文件可以包含对多个油气合同的竞买，但最多不超过10个。

四、管理特点

（一）政监分离，权力下放

加拿大油气资源管理主要由国家层面的自然资源部、土著与北方事务部以及各省对应的行政机构负责，而油气资源监管主要由国家能源委员会以及下设在各省的能源监管机构负责。油气资源管理的行政机构和监管机构互不干预，在提高能源监管效率和能源产业健康运行方面发挥了重要的支撑作用。

联邦政府将主要的油气资源管理权下放到各个省区，比如联邦政府将东南部分岛屿和大陆架矿业权的管理权下放给新斯科舍省和纽芬兰-拉布拉多省，育空地区和西北地区油气资源的所有权和管理权都下放给了省政府。联邦政府主要控制国内和国际间的贸易、税收和协调各方面关系。省政府则具体负责区域油气矿业权的出售和管理、收取税金，并制定相关政策来控制油气勘探开发的活动。

（二）油气勘探开发遵循市场规律

加拿大土地面积巨大，人口相对较少，油气资源丰富，油气矿业权一般都采用申请出让的方式，当出现多个申请人时，则会采用协商或竞标出让的方式，油气矿业权出让依赖市场配置资源。加拿大鼓励油气资源开发，虽然油气矿业权出让时涉及勘探证、开发证、矿权租约、运营证等多种证件的办理，但申请和审批程序十分简便，这在很大程度上激发了小公司进行油气勘探开发的热情，而且小公司由于数量多、机动性强，更容易获得重大的油气发现。另外，小公司在取得油气探矿权并发现油气后，如果难以支付开发前期的费用，可以将矿业权转让出售给具有经济实力的大公司，由大公司进行油气开发工作，小公司则从转让中获取一定的利润。这种灵活的市场规则使得大小公司都可以从中受益，形成了良好的市场环境。

（三）依法管理

加拿大是一个法制化的国家，其在油气产业的各个环节均有较为成熟的法律支撑，形成了完备的法律体系，各级各类的法律包括《加拿大油气法》《加拿大石油作业法》《加拿大油气钻井与开发法》《加拿大地球物理作业法》《加拿大土地调查法》《印第安法》《印第安油气法》《边防地油气矿费法》《北方土地法》《国家能源委员会法》等。这些法律有效地约束了作业公司的行为，可以使其依法执行油气资源开采的相关活动，同时也为管理和监管部门提供了法律依据，比如印第安油气分局就是以《印第安油气法》作为自己管理和监管的依据，真正意义上实现了依法开采、依法行政、依法管理。

（四）尊重土著民族权利

加拿大三大少数土著民族为印第安人（亦称第一民族）、米提人和因纽特人。就区域分布而言，印第安人多分布于南部十省，米提人和因纽特人多分布于北部三区。土著与北方事务部下属的印第安油气分局专门管理南部十省的矿权出让和矿费的收取，同时受到印第安资源理事会的监督。收取的矿费由土著与北方事务部代为管理，一部分返还印第安部落，还有一部分用于改善印第安部落的住房、卫生、医疗等基建设施。这充分尊重了土著民族的权利，使得土著民族的资源利益最大化。此外，土著人有资格取得自己土地上的勘探权、开发权等，理论上可以实现开采自己土地上的油气资源。如果土著人在其土地上自身不具备油气开采的实力，则可由其他公司进行开发，土著人可以就职于该公司以获得报酬。

第三节　英　国

英国受限于国土面积，很早就开始了周边北海、爱尔兰海和大西洋海域的油气勘查与开发活动。为承担高额的开发费用和分摊风险，英国在国有石油公司之外，积极引入私营企业和外国油气公司共同开发。为了吸引海内外投资者，同时遴选技术先进、内部管理制度完备、具有社会责任感的开发者，推进海洋油气勘探开发，英国摸索并形成了一套较为合理的海上油气勘探开发管理模式，建立了以油气矿业权招标制度为核心的油气资源管理体制，明确了油气勘探开发管理、监督的机构及其职能，系统规范了油气勘探、开发与生产活动，形成了一整套有效的税费制度和合同条款、类型，并主要通过税收等方式体现国家所有者权益。英国海上油气勘探开发的管理经验，对于我国海上油气勘探开发管理具有现实的指导和借鉴意义。

一、法律法规

针对海上油气开发的特点，结合国家利益，英国制定了海上油气开发的国家战略和法律规范体系。在国家战略层面，英国颁布了多项促进海上油气开发的战略规划，鼓励行业从业者积极勘查英国大陆架和海域的油气资源。英国政府特别强调油气开发应达到资源采收率最大化的目标,应当高效、循环和集约利用资源。

在法律层面,英国本国的能源立法和欧盟的能源与气候变化立法具有同等效力。虽然2016年英国公投选择退出欧盟,但是在议会正式全部废除欧盟法令前,欧盟能源法还将继续有效。从宏观法律框架看,英国政府建立了完善的油气资源管理法律法规体系,包括《大陆架法》《石油法》《天然气法》《石油所得税法》《天然气征税法》及《陆上与海上石油生产条例》《陆上与海上石油勘探开发许可证规则》等。根据《石油法》规定,石油和天然气属于英国皇室所有,王室授权油气监督机构甄选适合的企业进行开发,并发放油气探矿与采矿权许可证,油气矿产的地表权和地下权是分离的,即土地所有者并不拥有土地之下的油气资源。2008年和2016年英国先后两次修改了《石油法》,提出油气矿业权出让应当签订矿业权出让合同,接受政府对生产效率、生产安全和环境保护的全方位监管。此外,2011年颁布的《能源法案》、2015年的《基础设施法案》、2015年的《石油许可证申请条例》、2015年的《海上石油安全指令》、1995年欧盟的《碳氢化合物许可证指令》《海上石油生产和管线监管法令》等全面规定了海上油气开发中应遵循的规则。

为了避免油气区块闲置,吸引投资,促进油气勘探开发,英国政府出台并多次修订了油气区块招投标、税收等多项政策,包括废除了专有勘探权、简化了勘探开发许可证申请程序、对新开发油田免征石油税、降低老油田的石油税率等,鼓励提高采收率,开发边际油气田,加强环境保护,实现了油气资源开采效益最大化和环境影响最小化。

二、管理机构与职责

能源和气候变化部(department of energy and climate change),商业、能源和产业战略部(department of business,energy and industrial strategy)负责制定能源和气候变化、二氧化碳减排的宏观政策,并颁布执行措施。

贸易和工业部(department of trade and industry,DTI)是英国油气资源管理的职能部门,其下属的能源资源开发司、矿区使用费办公室等部门行使该国油气资源行政管理职能。其中,能源资源开发司下设5个处,负责管理英国陆上和海上油气资源勘探开发、生产及相关活动,包括油气资源勘查开采许可证管理、区块招投标、环境保护、安全生产、制定相关政策等。矿区使用费办公室负责征收和管理大陆架油气矿区使用费和天然气税,并与有关部门联合研究制定有关税费政策。企业、贸易与投资部也参与油气资源管理,主要负责颁发北爱尔兰油气勘探开发许可证,并参与英国其他地区许可证的颁发和授予等。涉及到油气管理的部门还有地方矿产规划管理局、环境署、健康与安全委员会等机构。

隶属于贸易和工业部的英国石油天然气管理委员会则是英国油气勘查开采的监管机构,负责监督和管理英国陆上和大陆架油气资源勘探开发、生产及相关活动,包括勘探、开发方案的审查,提供信息技术支撑,并制定和实施相关政策。另外,天然气和电力市场办公室负责监管英国天然气运输、配售和电力市场运行,参与天然气开发利用的监管。

2015年英国成立的石油天然气管理局(oil and gas authority,OGA),作为能源部下属的一个独立执行机构,专职负责管理陆上和大陆架油气资源勘探开发、生产及相关活动,包括油气区块许可招标、流转和退出、油气钻探和开采、油气田场址和油气井的建设和退出、水力压裂、碳储存和天然气存储等许可管理权,而能源部仅负责制定油气政策、海上油气勘探开发环境和油气设施退出的监管。

石油天然气管理局以能源部全资控股的国有公司形式进行运作,主要目标是维护和实现英国油气资源的保值与增值,通过行业管理和培训提升行业效率、降低开采成本,最大化经济回收英国的石油和天然气资源,实现资源开发、环境保护和安全生产同步实现,改善油气投资环境,培育具有可持续性和最具竞争力的行业管理者。2016年,英国主要能源消费量的70%均来自海上油气,在产油田达204个,从业人员达33万人,经济社会发展成效十分显著。

英国没有国家石油、天然气公司,英国石油公司(british petroleum,BP)、英国天然气集团公司(BG)在20世纪90年代完成了民营化改革,成为名副其实的世界超大型非国有的国际油气公司。大量的中小油气公司、服务公司及外资公司与BP、BG一视同仁,享有同等的权利。另外,英国还有许多石油、石化协会和中介组织,起着企业与政府之间重要的桥梁作用。比如,英国化工创新与发展小组就是英国贸工部与石化业联合成立的中介机构,旨在促进英国石油、化工业的可持续发展,增强其竞争力。

三、矿权出让

英国建立了以油气矿业权招标制度为核心的油气资源管理体制,明确了油气勘探开发管理、监督的机构及其职能,系统规范了油气勘探、开发与生产活动,形成了一整套有效的税费制度和合同条款、类型,并主要通过税收等方式体现国家所有者权益。

英国设置了相应的油气矿业权出让体系。通过竞争性招标环节,由油气监督局选择并确定矿业权竞得人,并颁发相应的许可证。许可证具有三重性质,首先是营业执照,油气开发者持证进行油气勘查与开发;其次是经济权利证明,持证开发所获的油气资源收益归竞得人所有;最后是政府与竞得人签署契约,竞得人应当遵守中标承诺和《矿业权出让的格式合同》。在获得许可证后,油气矿业权出让管理也并未结束,相关机构仍会通过严格的执法检查和抽查对勘查开发活动进行持续监管。

(一)出让流程

从总体看,根据海上油气开发地质资料情况和施工难度,英国将海上油气区块分为了一般性招标和成熟区招标两类。

招标流程一般为提名和公布候选人,通过电子系统受理申请,由专家评审委员会评估候选人,通过多方协商与会谈和保密评标确定竞得人,并最终授予许可证。

(二)竞得的标准体系

为了实现最大化海上油气资源采收率的目标,吸引投资,英国鼓励不同国籍和不同类型的公司共同竞标,促成企业间共同合作承担开发任务。油气监督局在招标文件中申明:当难以抉择中标人时,应将竞标区块进行拆分,然后分别授予竞争者;鼓励竞争者联合共同承担指定区块的地质工作。联合投标和联合开发的模式分散了资金压力,同时也通过鼓励行业大型企业与拥有自主技术或特殊能力的中小型企业合作,广泛吸收了各方的技术、人力和设备等优势。因此,英国的海上油气矿业权一般由多个企业共同持有。

在进入出让竞标环节后,英国政府将采取综合竞得标准权重体系,对竞标者的工作计划成熟度、技术能力、财务能力、历史行为、申请人国籍等进行持续地记录和考察(表4-6)。油气监督局将基于相关的技术、资金和管理等要求进行综合考虑,并给出百分制的评分,再进行相应的排序。

表4-6 英国油气矿业权出让评价内容

考察项目	主要内容
工作计划成熟度	主要为公司管理架构和财务管理的完备程度
技术能力	海上开采的相关资质、设备和人员的情况、安全生产的能力和记录
财务能力	根据2015年的《海上安全指令》,中标公司必须具备相应的勘查和开发所需要的财务能力,例如是否有足够的公司注册资本额和合理的公司管理架构等;油气监督局还特别出台了《财务引导守则》要求中标企业通过保函、保险等方式分担风险;在决策过程中,海上油气监督局还会与英国议会的收入和客户部磋商,并在部分案件中听取其建议,审查企业的税务情况
历史行为	全面考察公司以往在海上开发的安全和环境记录,包括有无发生过意外事件、不执行相关规范、刑事和民事诉讼、相关判决等情况
申请人国籍	申请许可证的公司在英国注册;在外国注册但英国有相应的营业所或分支机构

(三)监管体系

英国油气矿业权招标出让过程中的评估并不限于前期招标和评标阶段,而是贯穿于油气开发的全过程。在海上油气矿业权出让后,政府仍会密切关注矿业权的运营情况。由相应的监管机构实时对勘查开发活动进行跟踪与检查(表4-7),如果发现严重违法情形,将发出整改通知,酌情对许可证进行调整,并采取发出执行令、处以罚金、取消从业资格、发布禁令、撤回许可等行动。

表 4-7 油气开发过程中政府持续监管内容表

出让后的监管制度	主要监管内容
许可证交易	在许可证颁发前后,相关机构将根据《海上安全指令》多次检查和抽查企业的安全与环保生产能力
项目运营能力	严格审查矿业权勘探和开发技术方案,检查项目是否以优良的生产和成本效率在进行、是否达到了油气开发最大化经济采收率的目标、是否按照开发合同的要求进行了足额的资金投入,是否采用了先进的技术工艺等
安全和环境能力	海上安全能力监督局负责在招标和后续的开发过程中评判公司的安全与环保生产能力,负责废弃设施的安全处置等工作;负责监督油气企业根据《海上安全指令》聘用第三方的海上钻井运行员和监督员;并通过日常监察、审计和事后审查等方式管理勘查开采中的相关事务。 在开展海上作业之前,油气企业需要提交内部的安全与环境政策文件及社会承诺,展示内部安全和环境管理体系;需要表明自身完全了解英国现行的安全和环境法规;需要确认自身完全了解许可证相关的环境和安全责任
环境敏感测试	竞买人需要编制项目《环境影响报告书》,明确提出避免或减少环境负面影响的方案。新的许可证颁发之前必须接受环境敏感测试,检验项目对海洋和海岸生态系统的影响及风险,确认项目符合英国和欧盟的生物多样性、环境安全等法律规范
安全和环境表现	监管机构会收集并考虑竞买人或许可证持有人在英国或其他国家,陆上或海上的所有安全生产记录;5年内在英国或其他国家的法律执行记录;5年内公司相关的刑事和民事诉讼;5年内对公司做出的司法裁判等
责任承担安排	许可证持有人需要为公司或公司员工造成的潜在或实际的环境损害承担经济赔偿责任。油气监督局要求许可证持有人加入英国海上污染责任承担协会有限公司(offshore pollution liability association limited),购买保险,分摊赔偿责任

四、管理特点

(一)矿业权出让体系完善

英国建立了以区块招投标为核心的油气矿权管理制度。总体上,英国油气矿权管理主要包括如下内容：一是油气区块的划分，按照有关法律，将陆上和海上陆架区的勘探区域划分为若干区块，分批次实施招标；二是制定规范的招投标程序、标书标准，明确标书评判的标准和程序，确定合同类型及条款；三是出让机制灵活，根据地质资料情况和施工难度将区块分为不同性质，并且鼓励联合投标、联合开发，博采众长、分散压力；四是建立了出让竞得标准权重体系，根据油气勘探开发技术、资金和管理等要求对竞标者的工作计划成熟度、技术能力、财务能力、历史行为、申请人国籍等进行综合评价。

（二）监管机构完善、内容全面

英国十分重视油气开发利用监管，规范勘探开发活动，强调对井的监管，以实现科学、合理和高效开发油气资源。一是监督油气矿权的招投标活动，确保其公开、公正、公平，同时监督各种合同执行情况及税费征收情况等；二是监督具体的油气勘探开发与生产活动，严格审查勘探、开发技术方案，以及督察资金投入情况、技术工艺的应用等，包括油气井的生产情况、各类钻井对环境的影响、废弃设施的合理处置等；三是设立了相应的监管机构——石油天然气管理委员会，负责对油气勘探开发进行全面监督。

第四节 挪 威

挪威位于北欧斯堪的纳维亚半岛西部，油气资源储量丰富，主要分布在北海、挪威海和巴伦支海大陆架。自20世纪70年代开始，挪威油气行业已经成为国家经济的支柱产业，石油开发极大地促进了挪威的经济增长，并为挪威国家福利提供了资金。挪威油气行业所获得的巨大成功，不仅仅得益于丰富的储量和成熟的技术，还得益于完善的管理体制，而对挪威油气资源管理的研究，对海南省海洋油气勘探开发管理大有裨益。

挪威的油气资源管理体制较完善，政府部门分工明确、监管严格、法律体系科学完备、工作流程清晰简洁，其最具特色的是设立了石油基金，既有效管理了石油的收入和分配，也让挪威成功避免了"资源诅咒"。

一、法律法规

挪威的法律体系分为4个层次：第一层次为框架法规，是由议会通过的皇家法令，涉及的范围比较广泛。第二层次为法规，由立法机构制定，其中不包括对标准的引用，如果有背离，须向立法机构提出申请。第三层次为指南，由立法机构制定，包括对标准的引用。如果有背离，由公司自行管理并形成文件。第四层次为阐释，即对各种法规与指南细节的解释。

1965年，挪威国家议会制定了第一部《石油法》。截至目前，该法已历经4次修改和完善。这是挪威关于石油天然气勘查开发的专门法，法令主要内容包括：入门条款、调查许可证、生产许可证、石油的生产、停止石油活动、注册与抵押、污染损害赔偿责任、与挪威渔民赔偿有关的特别规则、安全的特殊要求、总则及国家直接财政利益的管理、生效和法律修正等内容，对石油资源的勘查开发及利益分配全链条管理进行了规范，明确了挪威拥有海底石油矿藏的专有权和资源管理的专有权。

随后，挪威相继出台了30多个石油天然气管理方面的法规、细则和规章，如《石油登记条例》《石油活动法条例》《石油税法》《海上钻井规章》《海上作业规章》及《石油生产许可证》等，形成了完善的石油法律框架体系，规定了油气资源归国家所有，明确了油气资源管理机构与职能，设立了国家石油公司，强化了油气勘探开发监管，实现了油气开采与环境保护的双赢。

挪威石油工业法律主要起到以下作用：第一，确保国家从国有石油资源获得高额政府收入；第二，确保环保和经济协调发展；第三，通过许可证制度确保油气产业管理的严谨、规范和科学。

依照法律，挪威政府主要通过征收税费、直接参与油气收入分配及从国家石油公司分红等方式体现国家所有者权益。为保证挪威"后石油时代"的经济持续发展，政府依法建立了"石油基金"，并授权挪威中央银行承担基金经营管理。

二、管理机构与职责

挪威为君主立宪制国家，其油气资源管理体制颇具特色，政府部门、监管机构、企业、中介组织层次清楚、职责分明。议会为油气产业政策的决策者，负责制定油气产业的整体框架及法律法规准则等。挪威油气资源的政府管理职能归口于石油能源部，以石油能源部（ministry of petroleum and energy，MPE）为主要管理部门，财政部、气候环境部、劳动和社会事务部、交通通信部以及地方政府等12个部门分别参与对石油相关活动的事务进行管理（图4-5）。

（一）石油能源部

石油能源部（MPE）负责对油气资源和其他能源的宏观管理以及政策的制定与贯彻实施，代表国家维护资源所有者权益，确定招标区块、组织油气资源勘探和开发区块招标、发放许可证等，也监管国家参股的大型企业。下设石油管理局，同时监管挪威油气收益管理公司（Petoro AS）、天然气运输管理公司（Gassco）及国家石油公司（Statoil ASA）三家油气企业。另外，气候环境部，劳工和社会事务部，贸易部、工业和渔业部，财政部等参与油气资源勘探开发环境保护、税费等管理。

海南省油气勘探开发管理初探

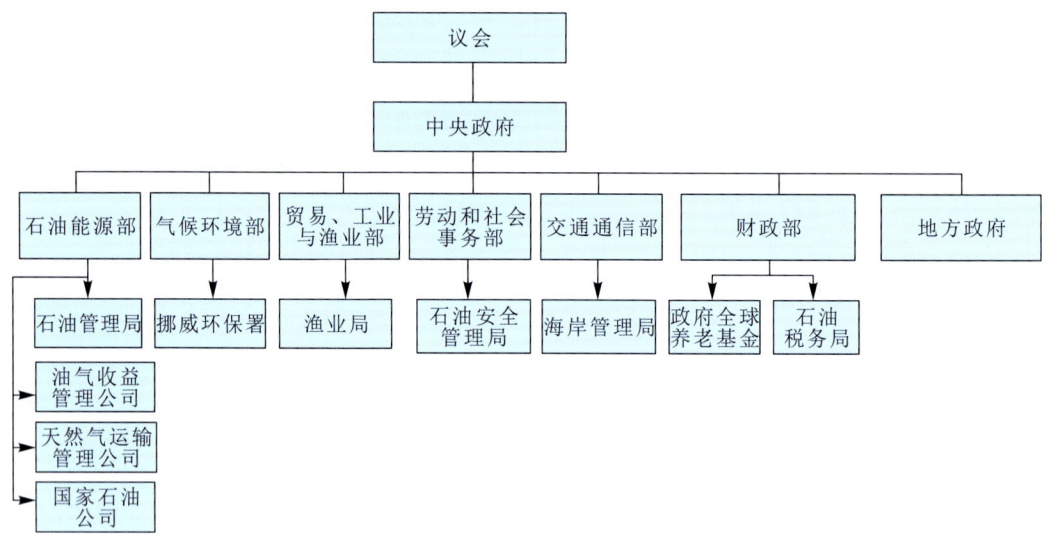

图4-5 挪威油气资源管理部门组织结构图

挪威石油管理局（norwegian petroleum directorate，NPD）成立于1972年，行政上隶属于石油能源部，是挪威石油行业的监管机构并具有决策咨询功能。该局具有四大职能：一是决策咨询服务，为石油能源部制定战略与规划，为重大政策提供研究、信息依据，为新区块的开放、许可证发放、提高采收率等提供技术咨询，同时提供安全、环保、卫生等方面的专业技术支撑服务；二是行业监管，负责挪威油气勘探开发与生产活动的全程监管，包括油气勘探开发方案审查、井的监控、原油产量计量等，承担区块招投标任务以收取权利金、矿区使用费和二氧化碳排放费等；三是资源调查与风险评估，受石油能源部委托开展油气源前期基础性调查评价工作，进行安全、健康、环境方面的风险和影响评估，每年向石油能源部提交一份挪威大陆架油气资源评价报告；四是资料汇交与管理，负责挪威油气地质资料的汇交、规范和管理，承担油气信息、数据上报及发布等管理工作，提供多层的资料和信息服务。

油气收益管理公司（Petoro）是一家由石油能源部管理的国有独资企业，负责管理国家直接财政收益（SDFI），其宗旨是实现财政利益最大化。Petoro公司代表挪威政府对SDFI进行管理，不享有SDFI投资所获利润，其账目与SDFI账目完全分开；Petoro公司不从事具体油气开发活动及油气产品的销售，SDFI油气产品的营销仍由国家石油公司在石油能源部设定的特殊销售规定下进行（Petoro公司有监督权）。

天然气运输管理公司（Gassco）是挪威天然气输送管道及相关设备的主要运营商（主要向欧洲输送天然气），创立于2001年，挪威石油能源部拥有该公司100%的股份。挪威天然气运输系统的所有权属于Gassled（一家合资企业，由挪威大陆架的天然气生产企业和外国基金共同合资,外国投资基金在 Gassled 中持有 43.9% 的股份)。Gassco 代表 Gassled 管理和运营天然气管线、加工厂、接受/供应站等基础设施并参与新施设的规划,风险和成本由 Gassled 承担,Gassco 本身是一家非营利机构。

挪威国家石油公司(Statoil ASA)是一家国有大型跨国石油公司,创立于 1972 年,主要从事石油和天然气开采、生产、运输、精炼及石油产品销售,同时也参与可再生能源(如海上风电)的生产。作为北欧最大的石油公司,在 36 个国家地区开展业务,北京设有代表处及研发中心,与中石油、中石化、中海油等有良好合作关系。该公司在海洋(深水)油气开采、提高采收率、精炼脱硫技术等多方面处于世界领先水平。挪威政府控股的大型石油企业还包括海德鲁石油公司等。另外,挪威还有大量私营中小石油公司、工程技术服务公司外资企业。

(二)参与油气开发管理的其他部门

气候环境部于 1972 年 3 月成立,初期名为环境保护部,2014 年 1 月更名为气候环境部。管理油气行业中的环境问题,批准油气活动影响评价,主要涉及油气行业管理的有一个司和一个下属局。海洋管理和污染控制司:负责在国家和国际一级对海洋环境进行综合管理,跨部门负责海洋区域的管理计划,负责油气行业有关的环保政策制定。挪威环境局主要任务是减少温室气体排放,管理挪威的自然环境,防止污染,负责油气行业环境问题的日常管理。

劳动和社会事务部负责油气行业安全监管,主要涉及油气行业管理的有一个司和一个下属局。工作环境和安全司:工作环境和安全部的职责范围包括挪威工作场所的工作环境,还包括在岸工作场所和挪威大陆架工作场所,负责制定油气行业安全有关的政策。石油安全管理局:隶属于劳动和社会事物部,是一个政府监督管理机构,2004 年从石油管理局分离,负责油气行业的具体监管工作。对石油行业的安全、工作环境、应急准备和安全负有监管责任。负责确定石油和天然气行业的安全参数认证,并确保该行业的活动以谨慎的方式进行。按授权制定行业安全及工作环境的详细规定,并以同意、命令、强制罚款、关闭运营、禁止、豁免等形式作出行政决定。监督职责包括整个挪威大陆架的石油和天然气活动,以及陆上的石油设施和相关的管道系统。涵盖主运营商、持证人、承包商和船主,以及行业的所有阶段——从勘探钻井、开发和运营,到停止和拆除。专门设立石油安全局,对油气勘查开发加工的安全进行全程监管。

交通与通信部负责溢油应急处置,主要涉及一个司、一个下属局和一个下属业务中心。沿海事务和环境司:负责溢油预防、应急和处置相关制度的制定,监督下属机构挪威海岸管理局与挪威溢油防备和海洋环境中心。海岸管理局:负责应对严重污染准备工作,主要参与溢油应急预案编制,根据《污染法》部分内容行使行政权力。挪威溢油防备和海洋环境中心:交通部下属的公共专门知识中心,主要负责溢油防控和应急处置的技术支撑。推动发展技术和方法，使社会更有能力处理严重的海洋污染事件，防止严重的溢油对海洋环境造成严重后果。

财政部主要负责国家养老基金管理、税收政策制定、税收征管，涉及两个司和一个下属单位。资产管理司：负责财政部关于政府养老基金的管理工作，为基金制定投资战略，制定和执行管理框架，评价和跟踪挪威银行对于基金具体业务管理工作。基金的运营管理由挪威央行负责，银行根据挪威财政部发布的指导方针，将该基金的资金投资于挪威以外的债券和股票。基金的资金流入包括所有国家石油收入以及基金投资的收益，基金的流出额是支付非石油预算赤字所需的数额，使基金的净拨款等于包括石油收入在内的预算盈余总额，年均支出3％左右。税法司：负责有关所得税、财产税、石油税、国民保险缴款、财产税、遗产税、增值税、关税和各种特殊税种法规的起草、解释和管理，还负责谈判双重税收条约，并根据这些条约作为挪威的上级主管当局，并在该部内协调审议国际税收问题。税务局：隶属于财政部，主要职责是推进税收的征缴，检查纳税人提交的第三方评估报告，评估和检查员工的社保缴费和净财富税，评估增值税和消费税的征缴情况。

地方政府主要涉及油气陆上设施用地的管理、征用和补偿。负责协调勘探开发前期的移民管理等工作，目前也争取参与油气勘查开发及设施建设活动发出更多的声音。

三、油气区块许可与收益管理

（一）许可证制度

《石油法》（1996年11月29日关于石油活动的第72号法案）规定了公司从事石油作业权利的许可证制度。该法案规定，挪威国家对挪威大陆架的海底石油矿藏拥有所有权。挪威油气许可证由石油能源部颁发，石油管理局负责具体操作并向石油能源部提出意见和建议，大型油田生产许可需报请议会同意。

油气许可证分为两种：调查许可证和生产许可证。拟开放区块，由专家对大陆架不同区域进行成熟度评估，特别是评估因逐步探索的需要和利用时间紧迫的资源区域，确定是前缘区域或成熟区域。调查许可证和生产许可证分别许可对挪威大陆架的前缘区域和成熟区域的勘探开发。

调查许可证由石油能源部授予，是初步勘探的非专有权，包括地震勘探和钻探，期限最长为3年，其工作计划与许可证申请书应一起提交，没有租金要求，许可证持有人每年支付6.5万挪威克朗的年费，而每进行一次地震勘探需缴纳3.3万挪威克朗的费用。具体费用将根据币值调整。

挪威政府没有安排专项资金开展油气资源调查，全部为市场化运作，企业获得调查许可证开展油气勘查，所获取的地质资料可有偿提供给相关企业使用，但需全部向石油管理局提交,一定时期后向社会公开。同时,为鼓励中小企业进入油气勘探领域,政府财政对企业勘探费用的78%进行补贴。具体实施包括两种方式:一是勘探后未发现油气、退出区块的,由财政直接给予补贴;二是勘探后转入生产的,可通过税收抵扣78%的勘探费用。

生产许可证的颁发需进行招标。许可招标的程序是:油区提名、公布、公司资格预审、申请、指定主营商、谈判、环境影响评估、颁发。其中前三步的主要负责部门是勘探处,之后申请者将申请书递交给石油能源部,然后由石油能源部指定主营商,中央政府和申请者对油田股份和开发等问题进行谈判,并进行环境影响评估,最后由勘探处向申请者颁发生产许可证。生产许可证的申请费为10.9万挪威克朗,初始期许可证无须支付租金,此后每年每平方千米以7000挪威克朗的幅度增加,直至年租金达到每平方千米7万挪威克朗为止。租金还可根据石油能源部的规定降低或免除。对于只允许政府有优先购买权的生产许可证,许可证持有人可申请降低租金40%。生产许可证颁发之后,经营者需向石油能源部递交发展经营计划书和设施安装计划书。

(二)收益管理

1. 挪威国家石油收益

挪威石油资源管理的总体原则之一,是石油勘探、开发和生产必须为社会创造最大的价值,财政收益必须归挪威国家所有,从而惠及整个社会。挪威政府石油收益主要来自三个部分:石油税收、国家直接财政收益、国家持有Equinor公司股权收益。

自油气行业繁荣后,油气税收一直是挪威最大的财政收入来源。1965年,挪威通过的石油税收法案,适用于在挪威从事油气活动的国内外公司。财政部1981年成立石油税收办公室,专门负责相关工作。挪威油气税收政策的出发点是既保证挪威人民和社会利益,同时也要使公司获得应有的收益。在此原则下,为鼓励企业到挪威大陆架开发油气资源,挪威政府随着情况的发展变化对石油税收体制也一直在进行相应的调整。目前挪威的石油公司税收包括两个方面:一是普通税,即企业所得税,税率为22%;二是石油特别税,税率为56%。总计挪威税率为78%,当前税制已实行二十多年。

国家直接财政收益是指国家在大陆架的一些油气田中拥有直接所有者权益,像其他联合作业者一样从油田收益分成。由Petoro代国家管理,其所得油气收入成为国家直接财政收益。

2. 全球养老基金(石油基金)

挪威沿海大陆架油气开采为挪威政府提供了巨额的财富,鉴于油气资源的不可再生性,考虑社会长远发展,挪威议会于1990年通过第36号法案设立石油基金,2006年改组为全球养老基金,目的是确保对挪威北海石油和天然气资源的收入进行负责任的长期管理,使这一财富造福当代和后代。2019年10月25日,该基金的价值达到10万亿克朗,是全球资产规模最大的主权基金。

全球养老基金由挪威财政部委托NBIM（央行投资管理机构）负责具体运营。为实现投资多元化、避免国内经济过热，全球养老基金全部投资于挪威以外的海外资本市场，包括股权（＜70%）和债券（＜30%），以及房地产（＜7%）。自1998年以来，该基金的年回报率为5.9%，资金收益已超过本金。政府每年提取3%作为财政收入，该值基本接近基金平均收益。

四、资料收集及信息平台建设

（一）资料汇交

挪威十分重视油气资源的开发利用监管，由挪威石油管理局（NPD）负责对油气勘探开发进行全面监督。在勘探开发活动的管理中，强调对井的监管，从而科学、合理和高效地开发油气资源。具体做法包括：一是监督油气区块的招投标活动，确保其公开、公正、公平，同时监督各种合同执行情况等；二是监督具体的油气勘探开发与生产活动，严格审查勘探、开发技术方案，督察资金投入情况、技术工艺的应用等，加强对井的监管，包括油气井的生产情况、各类钻井对环境的影响、废弃设施的合理处置等；三是设立专门的监管机构。

在资料汇交方面，由石油能源部（MPE）委托石油管理局（NPD）开展油气前期基础性调查评价工作，进行安全、健康、环境方面的风险和影响评估，每年向石油能源部提交一份挪威大陆架油气资源评价报告。同时还进行资料的汇交与整理，负责挪威油气地质资料的汇交，油气信息、数据上报及发布等管理工作，提供资料信息服务。

（二）信息平台建设

在信息管理方面，挪威油田所有资料（包括国家石油公司或跨国公司的）均属国家资料，必须向挪威石油管理局（NPD）提供，挪威石油管理局有权得到公司信息。同时，各公司采集到的数据过了保密的期限后就成为公共资料，一般非敏感数据获取2年后即公开，经加工或解释的数据20年后公开。

挪威石油管理局有两个数据库，一个做内部使用，另一个数据银行。该数据库收集了挪威石油所有地质资料，并计划与英国、美国、澳大利亚数据银行联网。

石油数据银行由挪威石油管理局（NPD）和原挪威三家石油公司于1995年共同创建。石油数据银行保存有关石油勘探开发领域的所有数据，确保不同公司间数据的统一，方便资源共享。由于具有商业银行的性质，可供多个用户存放数据，存取数据只能按数据拥有人的权限（或赋予的权限）去访问数据。一方面避免数据和资料的无偿占用，另一方面拥有者可通过授权，方便与其他用户交换必需的数据。因而大幅度地降低了用户的数据管理费用，加快了数据的传递速度。

五、管理特点

通过对挪威油气资源管理的梳理和总结,挪威的油气资源管理有以下几个方面的特点。

1. 法律法规完善,管理效率较高

挪威的油气资源管理法律体系分为4个层次:①框架法,由议会制定;②法规,由立法机构制定,不包括对标准的引用;③指南,由立法机构制定,包括对标准的引用;④阐释,即对各种法规与指南细节的解释。由此可见,挪威油气资源管理的每一个工作步骤都有法可依,且规定详细。这些法规对管理部门和生产企业的权利、义务和工作程序等都有明确说明,使得管理者和被管理者都很清楚自己该做什么,管理效率较高。

2. 管理分工明确,各司其职

从挪威油气资源管理的整体框架上看,国王及议会是规则的制定者,石油能源部及其他政府部门是管理制度的具体执行者,而针对专门的事务有专门的管理授权,比如石油基金的管理由财政部授权给挪威央行,而石油基金的投资管理由挪威央行授权给NBIM。这样,各部门和机构分工明确,各司其职,整个油气资源管理体系有条不紊地进行。

3. 信息透明度高,监管严格

挪威的油气资源监管主要体现在3个方面:①在各管理层级中,上一级机构对下一级机构负有监督责任,例如财政部授权央行,央行授权NBIM,授权的同时也负有监督责任;②设立专门的监管机构——石油理事会,其对石油行业进行监管的同时也具有咨询职能;③公众监管。石油理事会在其网站上公开各种信息,比如法律法规、储量信息、合同信息及钻井信息等。除了石油理事会的网站外,NBIM也设立了网站,将石油基金的市值、投资现状、管理现状等信息全部公开,任何人都可以在这些网页上查到相关的信息。信息的高度透明方便了公众对油气行业的监管。

4. 石油基金管理科学,保证代际公平

首先,由于挪威经济对石油行业的高度依赖,国际油价的波动对其经济的影响将非常明显,因此,石油基金的建立起到了平准基金的作用,只将基金预期实际收益的4%用于平衡当年财政预算,切断了财政收入和支出的短期联系,消除了油价波动所带来的不确定性。

其次,挪威的石油消费量并不高,其生产的石油主要用于出口,而出口带来的收入如果全部投资于国内市场,将会对本国经济造成巨大冲击,因此,挪威的石油基金全部投资于国外市场,且对其投资类型和投资地区也经过科学的分析,执行固定比例。加上科学的运营和严格的监督,挪威石油基金已经成为全球最成功的主权财富基金案例。

最后,石油是不可再生资源,在对其进行开发并获得大量财富的同时,其储量也不可避免地减少,如果简单地将其收入用于现期消费,很难保证资源的代际公平。而建立石油基金的另一个主要目的就是,解决未来养老金的缺口问题。未来石油资源的产量将会下降,而挪威也将面临人口老龄化问题,石油基金的建立可以为未来的养老福利做好准备。

第五节　启示与借鉴

通过总结发达国家油气产业发展取得成功的经验,结合我国油气资源勘探开发制度体制、开发现状、社会环境、监督管理等方面情况,对我国油气资源开发下一步工作提出如下建议:

(1)加快我国油气开发的法律建设。我国作为最大的发展中国家,能源资源消耗体量大,对外依存度高,并呈继续增大的趋势。而我国原有的矿产资源法对油气资源勘查开发的相关规定较少,且与现有社会环境、市场需求有较大差异,需尽快进行修改调整,加快油气勘查开采领域法律法规的"废改立"工作,废除或修改当前与油气勘查开采管理改革相悖的法律条款,并在其中增加油气资源开发管理的条款,制定新的能源法。系统设计包括油气资源在内的能源资源开发政策,明确油气开发的原则、方向,在此基础上,梳理全国各地油气勘查开采管理的法律法规及相关制度,整合优选出科学、合理的制度,再结合各地情况,制定地方管理制度,逐步制定出符合当前改革实际、有利于促进油气勘查开采的管理制度。

(2)加大油气区块竞争性出让力度。一是严格探矿权考核标准和要求,健全油气勘查区块退出机制,加大监督力度,考核油气矿业权人最低勘查投入,对不符合勘查投入等要求的,要加大退出力度,运用合理的行政手段,依法督促油气矿业权人盘活区块,遏制"圈而不探"现象,提升油气资源勘探开发力度。二是要做好出让规划和计划,建立区块出让储备库,油气矿业权管理部门组织有关单位对每年退出区块和空白区进行地质调查评价和资源潜力评价,优选有利目标,不断充实出让区块项目库。以区块项目库为基础,制订竞争出让计划,充分发挥公益性地质调查、企业主体、石油公司和地方政府优势,鼓励发动石油公司和社会相关主体参与优质区块评价优选,建立阶梯式出让规划与计划,并配套激励政策,参与评价优选的社会主体在"招拍挂"中享有同等条件优先权,未能竞得区块的社会主体也能给予适当奖励。三是制订出让计划后及时向社会公开,鼓励感兴趣的企业尽早了解拟出让区块的基本信息,提前开展研究。油气矿业权出让是国家行为,要综合考虑国家和公众利益,要符合产业政策、符合矿产资源规划、还要考虑对当地社会经济的推动作用和对当地环境、生态等各方面的影响,要达到正确引导矿业权人投资及取得较好勘探成果的目的。四是增加出让数量和频次,加大区块出让力度,满足社会期盼。同时要尽快开展"净矿出让"试点工作,积累经验,尽快在全国范围内推广。五是科学制定出让制度,协调和解决矿业权出让工作与矿业权登记工作的界限,理清思路,由"重审批"逐步向"重监管"过渡,尽快将好的实践经验上升到制度层面,以便妥善应对放开勘查开采市场的挑战。

(3)完善监管网络,促进监管力量重心下移。在现有法律法规框架下可立足油气督察工作制度,结合已有行政资源,完善省级及以下油气监管网络,落实多级联动监管责任,从而释放省级及以下基层管理部门油气监管力量。一方面,油气督察工作制度明确提出了督察办公室的概念,并指明了督察办公室设在各省地质勘查处及其主要职责。基于目前已有部分省份挂牌成立油气督察办公室的情况,建议通过配备专职办公人员、建章立制、制订工作计划及规程、规范档案及人员管理等方式做实油气督察办公室,让督察办公室切实运转起来、进一步发挥督察作用。另一方面,油气督察工作制度赋予了油气督察员明确的权责,各省可在油气督察员换届之际将基层矿管人员和部分技术专家纳入督察队伍,并在油气勘查开发活动重点地区适当增加督察员,从而增加基层管理部门在油气监管中的参与度,发挥基层管理人员就近应急处置作用。再者,在每年自然资源部组织的专项督察基础上,各省可根据自身油气勘查开采矿业权人特点以及面临的主要问题制订省级自主督察计划并报部备案,通过油气督察员履职发挥其督察作用。

(4)加强油气开发管理技术及业务支撑单位建设。油气勘查开发业务专业性强,技术水平要求高,管理人员也应有较强的技术能力水平,从而才能支撑行政管理机构对油气企业的监管及服务。支撑单位需要有一批能力强、作风优的业务人员,以满足对油气矿权人的监管责任要求。建议将部油气技术单位与油气管理支撑单位进行整合,强化队伍人才建设,而在自然资源部开展油气开发管理过程中的技术和业务予以强力支撑。借鉴挪威油气开发数据银行建设运营经验,以自然资源云建设为基础,推进油气资源开发数据平台系统建设,制定勘查工作实时汇报制度和成果对外发布制度;充分运用大数据技术,强化服务油气资源开发的科学研究、监督管理等事项。省级层面也应参照国家模式,建立相应的技术支撑单位。

(5)进一步加强油气资源勘查开发管理制度改革创新。制定油气地质调查规定,调查资料汇交和保密规定、资料有偿使用制度及服务有关规定,鼓励社会企业参与油气地质调查工作。明确以招标出让区块为主,探索实行"一区一证多主体"的许可制度,允许联合体投标,鼓励多方参与,在前期不收取出让收益,降低参与企业资金负担及投入风险,鼓励企业将资金投入到勘查开发工作上,国家权益在开发阶段根据产出利润进行分成,予以保障。建立国家油气收益基金制度,确保对海洋石油和天然气资源的收入进行负责任的长期管理,使这一财富造福当代和后代。

第五章　海南省油气管理

能源安全是关系到国家经济和社会发展的全局性、战略性问题，对国家的繁荣发展、人民生活的改善与社会的长治久安至关重要。1988年4月13日，第七届全国人民代表大会第一次会议通过了国务院《关于设立海南省的议案》，批准设立海南省，并授权管辖西沙群岛、南沙群岛、中沙群岛的岛礁及其海域。正如第一章所述，南海油气资源的勘探开发对保障我国能源安全具有重要意义，因此，作为全国唯一具有海洋管辖权的省份，海南省应该在提升南海油气资源勘探开发力度、保障国家能源安全等方面发挥应有的作用，同时也扩大南海油气勘探开发知情权、提升话语权、增强参与度、争取更多的收益权，使南海油气资源更好地服务于海南省乃至全中国。鉴此，研究建设符合海南省省情的省级油气资源管理体制机制，为南海油气资源勘探开发提供高质量的保障服务，意义十分重大。

2021年10月21日，习近平总书记考察调研胜利油田时强调："石油能源建设对我们国家意义重大，中国作为制造业大国，要发展实体经济，能源的饭碗必须端在自己手里。"

2022年4月10日，习近平总书记在考察海南时强调，建设海洋强国是实现中华民族伟大复兴的重大战略任务。要推动海洋科技实现高水平自立自强，加强原创性、引领性科技攻关，把装备制造牢牢抓在自己手里，努力用我们自己的装备开发油气资源，提高能源自给率，保障国家能源安全。

能源是工业的粮食、国民经济的命脉。中华人民共和国成立以来，特别是在改革开放以后，快速发展的能源事业为我国创造经济快速发展和社会长期稳定提供了重要支撑。党的十九届六中全会审议通过的《中共中央关于党的百年奋斗重大成就和历史经验的决议》，在总结新时代经济建设的伟大成就时指出"保障粮食安全、能源资源安全、产业链供应链安全"；在总结新时代维护国家安全的伟大成就时强调"统筹发展和安全"，指出"把安全发展贯穿国家发展各领域全过程"；2022年中央经济工作会议强调："要确保能源供应""要深入推动能源革命，加快建设能源强国"。因此，在全面建设社会主义现代化国家、向第二个百年奋斗目标进军的新征程上开拓奋进，确保能源安全至关重要。

第一节　油气督察工作

自 2001 年建立油气勘查开采督察员制度以来,自然资源部已经陆续聘任七批油气督察员,海南省第七批油气督察员有 7 名。海南省正常开展油气督察工作始于 2017 年,至于 2019 年,在自然资源部的指导下连续开展了 3 个批次的油气督察工作,总计完成了 10 个矿业权的监督检查工作(表 5-1)。2018 年,自然资源部未分配海南省油气矿业权督察任务,海南省自然资源和规划厅向自然资源部主动申请,并获得许可后,根据《"双随机、一公开"工作实施细则(试行)》,结合海南省实际,通过随机抽取和信息公示系统填报情况,共选定 4 个项目开展监督检查工作。

表 5-1　海南省油气督察工作统计表

单位:个

盆地	矿业权人	抽查矿业权个数			合计
		2017 年	2018 年	2019 年	
珠江口盆地	中海油湛江分公司		1	1	2
琼东南盆地	中海油湛江分公司	2		1	3
莺歌海盆地	中海油湛江分公司			1	1
北部湾盆地	中海油湛江分公司		1		1
	海南福山油田勘探开发有限责任公司		2	1	3
合计		2	4	4	10

从历次督察情况来看,其一,检查对象的中石油、中海油等央企均能按照要求完成勘查投入,未按要求完成投入的勘查项目也在计划退出之列。其二,央企的社会责任意识强,政治站位高,探采作业执行的环保要求远远高于国家标准。以福山油田为例,2018 年年底,福山油田高标准通过由中石油组织的绿色矿山验收,成为中石油首家油气田绿色矿山示范企业。

督察过程中,督察组还收集了企业反映的制约油气资源勘探开发的一些主要问题,归纳如下:

(1)由于国家、省、市县各级、各类保护区覆盖诸多勘查区块和矿权区内新设红线区严重挤压勘探开发空间,限制了矿业权人开展工作。比如:海域因国家级水产种质资源保护区及产卵区几乎覆盖北部湾所有油田及勘探有利区(带),保护种质产卵期跨度长,勘探作业受限。陆域因地表地质公园保护区、浅层矿泉水采矿权等因素,受政策制约地下深层油气资源难以开采等。

(2)海域管理部门太多,且各有各的规章制度,企业勘查开采受到限制。比如:海洋、海事、海权、交通等部门都有专门的管理规定,相关许可文件缺一不可,审批时间跨度太长,影响正常开展工作。

(3)矿权审批与配套设施用地(用海)脱节。现阶段的矿权审批程序都没有与用地(用海)审批关联,导致企业获取矿权后因未取得相应的土地(海域)使用权限不能如期正常开展工作。

第二节 其他管理工作

海南省油气产业发展有着很好的天然优势和各种利好形势,但也同样面临着诸多问题。海南省从省政府到矿产资源主管部门、地方技术单位,主动作为,积极对接国家相关部委,按照自然资源部工作部署,以抓好油气矿业权监督为牵引,以服务油气企业勘查开采活动为抓手,以保障油气勘查开采带动油气产业发展为目标,密切跟踪南海油气勘查开采工作动态,积极谋划与自然资源部共同推进南海油气勘查开采管理改革试点工作,以壮大海洋油气产业发展、保障国家能源安全为依托,努力将海南省打造成为全国海洋油气产业发展体制改革的新标杆。

一、制订相关规划,引领产业发展

早在2018年,海南省国土资源厅就组织海南省海洋地质调查研究院编制了《海南省油气资源基础性勘查规划》(2017—2035年)、《海南省油气开发规划》(2017—2035年),按照近期、中期、远期发展目标,对南海海域油气勘探开发进行统一规划和部署,并将天然气水合物勘查开采纳入到规划中,海南省因此成为全国唯一完成辖区油气勘探开发规划编制的省份。自然资源部油气战略研究中心组织业内专家团队对两个规划进行了论证,认为:规划的目标符合当前的地质认识和资源条件;并分别从人、财、物、政策法规等方面为规划目标的实现提出了保障措施,是全面落实党中央国务院工作部署的重要举措,也是当前国家层面正在谋划的重要内容,对于推进海洋油气资源勘探开发具有重要意义。

2020年12月4日,中国共产党海南省第七届委员会第9次全体会议通过《中共海南省委关于制定国民经济和社会发展第十四个五年规划和二〇三五年远景目标的建议》,其中,在"更好服务海洋强国战略"中要求"加大天然气水合物、油气等海洋资源勘探开发力度,建设澄迈海上油田生产服务基地。""推进'气化海南'建设,建成'田'字型供气主干管网和环岛天然气管网复线工程,推进燃气下乡'气代柴薪',在重点区域建设分布式天然气能源站。"

2020年,海南省自然资源和规划厅又委托中海油海南分公司编制了《海南省海洋油气产业"十四五"专项规划》。该规划以海南传统油气产业优化升级及统筹海洋资源开发和保护为切入点,以战略性新兴产业和国家重大工程的高端产品需求为导向,突出发展油气勘探开发业务,推动海南中国特色自由贸易港建设,更好地服务和融入海洋强国、"一带一路"倡议等国家重大战略。

上述规划为海南省油气产业链中的上、中、下游各环节制定了发展目标,设立了重点项目,提出了保障措施,为海南省油气产业发展绘制了宏伟蓝图。

二、请求部委支持,共同推进改革

为有效推动油气改革,海南省国土资源厅于2018年设立了"海南省油气矿业权监督管理模式研究"项目,项目分析了我国油气资源勘查开发监管现状以及各改革试点省份的矿业权监管模式,结合南海油气矿业权基本情况,提出了符合海南省省情的油气矿业权监管建议,此外,还研发了"南海油气矿业权数据库"平台(图5-1),实现了油气资源成果数据、基础地理数据、专题数据等的集中、统一、优化管理,以及油气资源相关数据的存储、查询、展示、更新、分析、导出,为油气资源勘查开采管理提供了丰富的数据支持;编制了《海南省油气管理条例(草案)》,覆盖了油气资源保护、勘查、开采、利用监管等环节,为海南省承接国家下放油气资源监管权做好准备。

在自然资源部的指导下,海南省在南海油气矿业权的空白区开展了多轮的区块评价优选工作,为油气改革的关键工作——油气区块竞争性出让工作储备了可供出让的区块,自然资源部已经将其中3个油气区块纳入到油气矿业权出让计划中。海南省还完成了油气区块挂牌出让方案和有关出让文件的编制工作,升级改造了海南省矿业权交易系统,使其能够满足油气矿业权的线上交易需求。该系统油气网上交易板块已完成测试,于2021年9月9日正式上线,为做好下一步南海油气勘查区块挂牌出让工作提供保障(图5-2)。

三、建立保障机制,加快改革进程

为全力配合自然资源部开展南海油气区块竞争性出让工作,加快推进南海油气勘查开采管理改革进程,建立统筹协调、程序明晰、运作高效的工作机制,海南省自然资源和规划厅制定并印发了《南海油气勘查区块优选评价与竞争性出让保障工作流程》。

图 5-1　南海油气矿业权数据库总体构架

图 5-2　海南省油气矿业权出让页面

工作流程主要从区块优选及评价基本要求、油气区块收集、油气区块初选、油气区块技术优选、建议出让区块上报、出让文件编制、省厅启动挂牌出让 7 个环节进行细化，并明确职能分工，为顺利保障南海油气区块竞争性出让工作提供依据（图 5-3）。

第五章 海南省油气管理

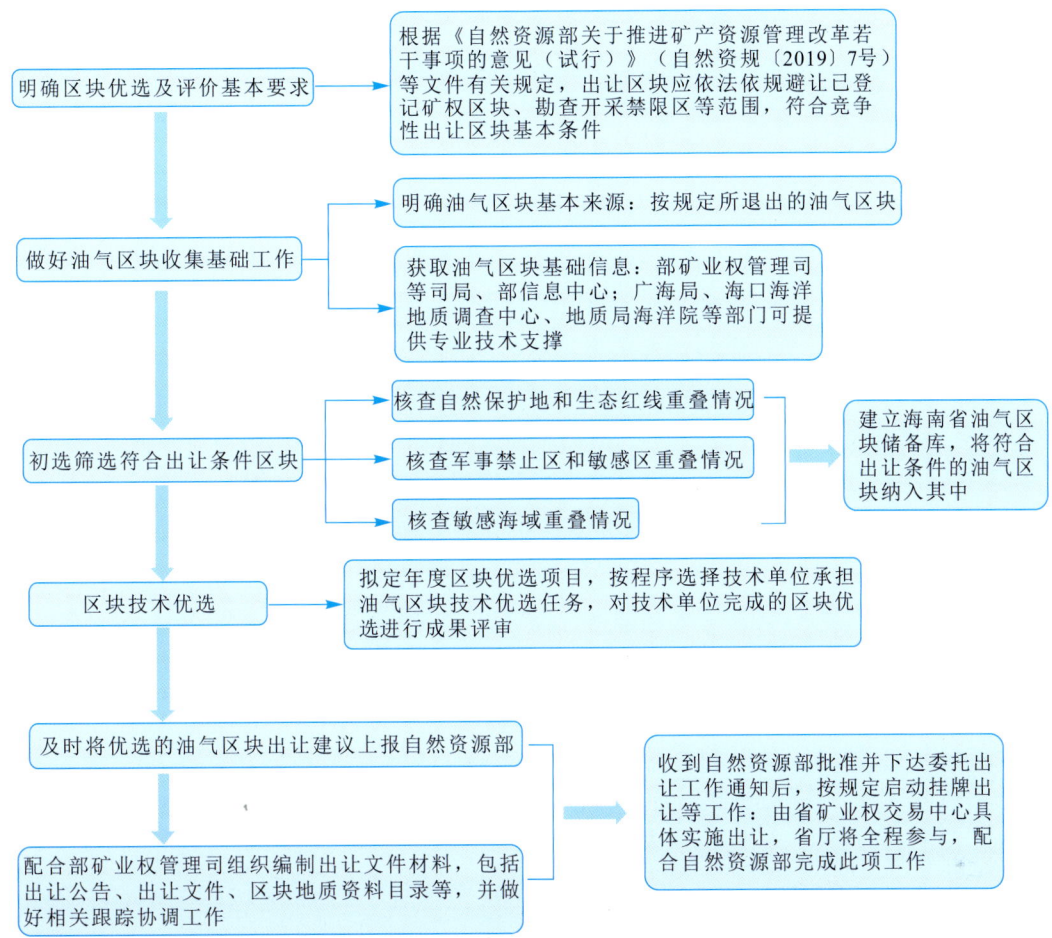

图 5-3 南海油气勘查区块优选评价与竞争性出让保障工作流程

四、借助外部力量，促进自我发展

针对海南省油气勘探开发技术力量薄弱等短板，海南省克服自身不足，充分借助省外技术力量，促进油气产业健康蓬勃发展，带动服务保障、科技研发、装备制造、金融服务等相关行业创造更多增值效益，为海南省建设注入更加充沛的活力。

（一）引入科研院所，加强企地合作

2019年2月13日，三亚市委、市政府印发《三亚崖州湾科技城管理局设立方案》，正式成立崖州湾科技城管理局，推动南繁科技城、深海科技城和全球动植物种质资源引进中转基地等自贸试验区先导性项目建设。其中,深海科技城规划面积约 $5.39km^2$,是以海洋科技产业为核心,重点聚焦深海科技、海洋产业和现代服务三大领域。在深海科技方面,主要发展深海装备、深海材料和深海通信等;在海洋产业方面,主要发展海洋船舶、海工装备和海洋公共服务等;在现代服务方面,主要发展会展服务、金融服务和商务服务等。目前已有上海交通大学、浙江大学、中国海洋大学、武汉理工大学、东北石油大学等与海洋油气专业有关的高校,中国科学院深海科学与工程研究所、中国科学院南海海洋研究所、中国地质调查局南海地质科学院和广州海洋地质调查局三亚南海地质研究所等科研机构,以及中船重工、中船工业等涉海企业入驻。其中,以中国地质调查局南海地质科学院和广州海洋地质调查局三亚南海地质研究所为主体的南海地质科技创新基地主要承担重点海域天然气水合物勘查开发先导试验区建设、南海油气和基础地质调查研究、南海岛礁和海岸带综合地质调查、海南自然资源综合地质调查、南海自然资源战略和海上"丝绸之路"地学研究以及海南自然资源数据集成与应用等工作。

  在加强与央企合作方面,除了积极邀请并协助中海油在海口设立海南分公司外,海南省政府还分别与中石油、中海油签订战略合作协议,根据协议,签约方将在海洋经济、清洁能源、金融贸易、人才服务等领域进行深层次、全方位长期战略合作,建立协同创新、共同发展的合作机制,实现合作共赢。

  2019 年 6 月,海南矿业股份有限公司收购澳大利亚独立油气公司洛克石油有限公司 51% 股权并完成交割,海南矿业正式涉足油气业务,开始了"铁矿石+油气"双主业战略构建的发展之路。目前,洛克石油的业务集中在中国、马来西亚和澳大利亚地区。洛克石油中国区拥有与中石油合作的渤海湾盆地赵东油田、四川盆地八角场气田,以及与中海油合作的北部湾盆地涠洲 6-12/12-8 油田西区和 12-8 油田东区等在产项目、涠洲 10-3 油田西区待开发项目、北部湾盆地 22/04 和珠江口盆地 03/33 勘探区块。其中,赵东油田创造了连续 8 年保持年产原油百万吨(2005—2012 年)的成绩,目前处于延长生产期,生产平稳顺利且生产效果远远超出预期;八角场气田已高效运营超过 1 周年,该气田日产量在 $80×10^4 m^3$ 至 $130×10^4 m^3$ 之间;北部湾盆地 22/12 区块(包括长期稳产的涠洲 6-12/12-8 油田西区以及近期顺利投产的涠洲 12-8 油田东区)运营良好,产量稳定;涠洲 10-3 油田西区开发项目已通过项目可研,计划于 2025 年初实现首油。勘探方面,珠江口 03/33 区块勘探井进行了 DST 测试作业,获单层自喷平均日产原油超千桶的高产工业油流,极大地提升了对南海东部陆丰 13 西洼、西次凹甚至是惠陆低凸起区域的勘探信心,有望形成新的勘探热点区域;北部湾 22/04 区块勘探项目的钻井工作也正在紧锣密鼓安排实施勘探井作业中。

(二)多元形式,借助省内外最强大脑

  海南省内油气行业专家少,发展油气产业存在后天严重不足,而我国在油气行业的

专业人才储备雄厚,因此,海南省常以学术会议等形式,邀请国内外知名专家出席,为海南省油气产业发展出谋划策。

深海能源大会由海南省人民政府、中国工程院和中海油共同主办。自 2015 年举办首届大会以来,已经成功举办 5 届,形成了专业化、高层次的鲜明特色。大会现已成为海洋能源领域开展学术交流、参与行业发展、传播和发挥中国影响力的重要平台。大会的会议规模、规格和影响力逐年提升,目前已成为国内深海领域规格最高、规模最大的盛会,吸引了政府部门、学术界和企业界的积极参与,共同探讨深海能源开发技术发展新趋势,剖析解读油气能源高质量发展的重要意义,探索我国深海能源合理高效的开发利用之路,为促进海洋能源科技创新、人才交流、成果转化发挥了有效的作用。

海南省还举办各类与油气产业发展相关的学术研讨会,邀请省内外专家学者作学术报告。比如,2019 年 8 月 27 日,围绕加快推进南海天然气水合物产业化进程,召开了以"天然气水合物试采工艺研发创新"为专题的工作推进会议。2020 年 7 月 29—31 日,海南自由贸易港油气产业发展战略研讨会在海南洋浦经济开发区召开,会议聚焦南海油气和天然气水合物资源勘探开发的最新研究成果,业内 40 余位专家为南海油气和天然气水合物资源勘探开发中存在的问题和海南自贸港油气产业发展建言献策。诸如此类,不一一罗列。

除了举办学术会议外,海南省与中国地质调查局建立部省干部双向挂职锻炼和人才联合培养机制,加强部省深层次合作,加快推进南海油气勘查开发改革试点工作以及重点海域天然气水合物勘查开采产业化进程。

第三节　新形势与老问题

随着我国深化改革不断推进,油气资源勘查开采监督管理面临新形势。一方面,市场主体类型和数量增多。我国页岩气、煤层气进入商业化开发以及页岩气、常规油气探矿权招标试点等国家在油气领域实施的一些改革探索,让除石油央企之外的省属企业、民企首次进入油气领域,并且随着油气体制改革的持续推动,市场主体数量和类型势必继续增加。新准入的市场主体自律意愿和自律水平亟待提高,需要政府加强监管。另外,监管内容和监管方式有新要求。国家高度重视生态文明建设,油气资源勘查开采可能涉及的地质和生态环境风险需要政府严格管控。同时,国家推进"放管服",并提出"加强事中、事后监管措施"、推进"双随机、一公开"监管以及"信用监管",这些都要求油气监管不断改进监管方式,提高监管能力和水平。

海南省油气勘探开发管理初探

一、面临的新形势

1. 能源形势严峻

如前述,2022年我国原油对外依存度为71.2%、天然气对外依存度为40.2%,其中原油对外依存度远超国际公认的50%的警戒线。我国南海油气资源潜力巨大,海南位于祖国的最南疆,是祖国赋予海洋行政管辖权的唯一海洋大省,在海南省辖南海海域油气勘探开发方面肩负着光荣而繁重的历史使命。因此,如何建设高效的油气勘探开发监管体系和合理的监督管理机制,推动南海油气资源勘探开发,保障国家能源资源安全,成为迫在眉睫的重要课题。

2. 国家高度重视生态文明建设

组建自然资源部并赋予"统一行使全民所有自然资源资产所有者职责,统一行使所有国土空间用途管制和生态保护修复职责"的"两统一"职责定位,是中央进一步加强生态文明建设的重要举措,以节约优先、保护优先、自然恢复为主的方针要求油气矿业权人注重油气资源保护和合理开发与节约集约利用,在物探、钻探作业后按要求完成环境恢复和土地复垦,监管部门要将油气绿色勘查开采纳入事中事后监管事项里,油气资源综合开发利用和恢复环境成为重要监管指标。

3. 油气上游有序放开带来监管对象多元化

《关于深化石油天然气体制改革的若干意见》针对油气上游勘探开发提出要"完善并有序放开油气勘查开采体制",自然资源部有序推进探矿权勘查区块竞争性出让,自2011年开始,在山西、重庆、湖北、新疆、贵州等省(市、区)已陆续开展了多轮油气矿业权出让,累计出让区块达138个(包括页岩气、煤层气、常规油气),南海油气勘查开采管理体制改革也正在持续推进,前期已评价优选了多个区块,其中部分满足出让条件的已报自然资源部纳入竞争性出让计划中。因此,更多获得资质并且符合准入条件的市场主体参与到油气上游勘探开发,油气监管对象面临从原有的高度集中向以大型国有油气公司为主导、多种经济成分主体共存的转变。

4. 油气矿业权探采合一启动实施

2019年12月31日,自然资源部发布了《自然资源部关于推进矿产资源管理改革若干事项的意见(试行)》,规定了"油气探矿权人发现可供开采的油气资源,在报告有登记权限的自然资源主管部门后即可进行开采",油气探采合一启动实施,减少了以往探矿权转采矿权的审批环节,油气矿业权人只需报告备案后即可开采生产,并在5年内依法办理采矿权登记。探采合一有助于企业实施勘探开发一体化,更加符合生产实际,但随之而来对监管环节如何规避和鉴别"以采代探"情况,督促及时转采,且有效监督油气矿业权人按方案开展勘查开采活动带来更高要求,因此,监管部门需要更加关注油气勘探开发过程监管。

5. 天然气水合物被列为新的独立矿种

我国十分重视和支持天然气水合物研究,近年来以中国地质调查局为代表的众多单位取得了丰硕成果。广州海洋地质调查局在近20年内共实施了6次天然气水合物钻探,取得了丰富的成果,其中前4次天然气水合物钻探都在珠江口盆地进行,后两次在琼东南盆地进行。

2007年,广州海洋地质调查局在神狐海域进行了首次天然气水合物钻探取样,首次成功获取了天然气水合物样品,并确定了南海天然气水合物的形成和富集条件。2013年在珠江口盆地东部进行了第二次天然气水合物钻探,发现了不同类型的天然气水合物,特别是裂缝型水合物。2015年和2016年,广州海洋地质调查局分别在神狐海域实施了第三次和第四次天然气水合物钻探考察,发现了饱和度高达76%的天然气水合物,证实了神狐海域是天然气水合物实验测试的理想目标。1999年,广州海洋地质调查局启动了琼东南盆地天然气水合物资源地质调查工作。2015年,广州海洋地质调查局在琼东南盆地西部的深水区发现了海马冷泉。2018年秋季,广州海洋地质调查局与辉固及斯伦贝谢合作,在琼东南盆地东部深水区实施了第五次天然气水合物钻探,发现了裂隙充填型水合物。2019年,广州海洋地质调查局在盆地陵南低凸起的细砂层中发现了高饱和度的孔隙充填型水合物。在琼东南盆地深水区开展的水合物钻探结果证实,水合物主要赋存于第四系乐东组中。

天然气水合物一系列的研究工作成果极大地推动了我国水合物两次试采的进度。2017年5月18日,神狐海域开展了第一轮水合物试采,实现试采连续点火60天,累计产气$30\times10^4 m^3$。2019年10月神狐海域进行了第二次试采,2020年2月17日试采点火成功,持续到3月18日顺利完成任务,累计产气$86.14\times10^4 m^3$,日均产$2.87\times10^4 m^3$。这次试采综合运用了各种新技术和装备,向商业化开采迈进了一大步(叶建良等,2020)。同时也推动海南省与自然资源部、中国海洋石油总公司2019年签订了有关"南海重点海域天然气水合物开发先导试验区"的战略协议。

2017年11月,在神狐海域第一轮水合物试采成功后不久,国务院批准将天然气水合物列为新矿种,确立了其法律地位,极大地促使我国天然气水合物勘探开发工作进入新的发展阶段,将有效保障国家能源资源安全,优化能源生产和消费格局,放开天然气水合物矿业权市场,促进天然气水合物勘查开采科技创新,带动相关产业发展。

新矿种的加入,也为油气资源勘探开发监管工作带来新的工作内容,包括矿业权的进、退、流转,与常规油气的综合利用情况、开发利用过程中的地质生态环境影响等,需要有专门的监管技术力量支撑。

6. 国务院不断深化"放管服"加快推进信用监管的要求

2019年7月,国务院办公厅发布《关于加快推进社会信用体系建设构建以信用为基础的新型监管机制的指导意见》,围绕信用监管,进一步提出信用监管相关要求,明确了各级部门制定信用监管的政策措施方向,要求按照事前以信用准入和承诺,事中以建立信用档案和注册机制,事后以加强惩戒和督促整改的思路,建立全流程的信用监管机制,这对管理和使用信息公示成果、建立矿业权人信用档案提出新的要求。

二、存在的主要问题

1. 海南省海洋管辖权赋予的油气勘探开发监管未落到实处

海南省是全国唯一享有海洋管辖权的省份。早在海南建省之初,全国人民代表大会第七届一次会议就授权海南省管辖西南中沙群岛及其海域,但由于缺乏具体的实施细则,多年来海南的海洋管辖权一直是个虚化概念,停留在文件上,海南并没有真正获得相关具体的授权。在自然资源部的支持和指导下,海南省经过多年工作,建设了南海油气资源相关数据库以及储量表,但是,如果没有自然资源部的继续支持,数据的更新和维护也将难以为继。没有基础信息和储量产量动态数据的支撑,海南也无法对南海油气勘探和开发实施进行有效监管。

2. 海南省油气资源勘探开发监管力量薄弱

目前,油气资源勘探开发实行国家一级发证、一级监管制度,仅有少数省市在试点探索国家"一级管理"条件下的省级油气管理新思路、新机制、新方法,且仅有国务院批准的少数国家石油公司(中石油、中石化、中海油、延长石油)享有油气矿业权的申请、登记权利,进行各类经营活动。

虽然海南建省以来,油气资源勘探开发取得巨大成就,但是由于海南省还没有专门的油气勘探开发队伍,油气资源勘探开发尚无任何实际参与,同时也未成立专门的油气监管部门,对油气资源勘查开发的"知情权"和"参与权"不足,与国内外油气企业谈判时的"话语权"十分微弱。

3. 参与程度不高

一是因为地方政府在油气资源勘查开发活动中受益少,特别是作为海洋大省的海南省在海洋油气资源勘查开发活动中的收益几乎为零,导致地方政府在油气资源勘查开发监管方面积极性不高;二是因为现行的油气资源勘查开发管理实行国家一级管理,地方政府在油气资源勘查开发监管方面并无相关权限。因此,造成地方政府参与度不高,未能与国务院矿产资源主管部门形成有效的合力。

4. 信息共享存在壁垒

公益性信息难以共享,地质资料汇交和管理问题突出。国家对资源勘查开发区块持有者，都有要求其在保护商业秘密和权益年限后按工作阶段上交地质资料的规定，成为属于国家的基础性、公益性的宝贵信息资源，这对节约勘查开发和相应研究经费、避免重复性工作提供了保障。目前，我国由国家出资勘查所获得的地质资料的公益化程度不够，地质资料、数据和信息交流不畅；已登记油气矿业权的石油公司，在勘查开发活动过程中，也没有严格按照有关法律法规的要求汇交有关资料，在汇交资料的内容、方式和时限等方面存在不符合规定的现象；信息公开共享等相关规定执行力度弱，缺乏一定的可操作性。从而导致退出区域地质资料的二次开发利用程度不高，空白区域无法与邻区进行有效对比，设置矿业权难度增大，矿业权出让参与者获得有效信息不完善，矿业权竞得人投入的风险增大。

第六章 监督管理建议

南海是我国重要的油气资源富集区。近年来南海油气开采力度不断加大,产业化步伐明显加快,2022年油气产量已超 2800×10^4 t 油当量规模,成为我国海洋油气产业发展的重要接替区。但受产业发展体制机制的制约,矿业权配置不合理,勘查开采准入门槛高、投入不足,缺乏有效的退出机制,也存在天然气供给与市场需求错位、下游市场竞争不充分、价格市场形成机制不完善等突出问题。推进海南油气勘查开采管理改革,建立高效合理的监督管理机制,有利于进一步优化资源配置、打破市场垄断、放开竞争环节、构建更加公平高效有序的油气勘查开采市场新格局,对壮大海洋油气产业发展、保障国家能源安全、建设中国特色自由贸易港具有重要意义。

第一节 落实监管权限

一、争取南海行政管辖权落地

落实全国人民代表大会第七届一次会议授权海南省管辖西沙群岛、南沙群岛、中沙群岛的岛礁及其海域的决定精神,坚持"事权在海南,资源在海南"的主张,明确油气矿业权类自然资源资产确权登记属地,推动油气勘查开采管理改革试点相关工作,发挥海南自由贸易港的职能,积极配合自然资源部履行南海油气矿业权的监管,按照行政管辖区管理矿业权,向自然资源部争取将南海油气监管权限部分或全部委托给海南省矿产资源主管部门,使海南省开展油气勘查开采监管服务工作有据可依。

二、争取南海油气监管权限

借鉴新疆、山西、贵州等地油气改革试点经验,创新海南油气资源勘查开发管理机制,自然资源部授予或下放海南省管辖海域油气等资源勘查开采监督管理权限,以更好地协助自然资源部对全省油气区块探矿权阶段工作进展和有效期满的资金与工作量投入进行专项督查,依法督促探矿权人严格履行法定义务和勘探承诺。明确委托海南省实施省辖海域天然气水合物矿业权竞争性出让、审批登记、监督管理,加快重点海域天然气水合物综合性勘查开发进程。

三、加大金融支持力度

协调国家发展和改革委员会、自然资源部、国家税务总局等部门,将征缴的南海油气资源相关税费返回海南省,专项用于南海油气资源勘探开发和深海科技创新,开展天然气水合物、油气等联合开发,加快推进天然气水合物产业化进程,鼓励参与南海油气勘查开发的企业在海南注册独立法人公司,实现属地管辖与属人管辖的统一,使南海油气资源最大限度惠及海南省,为自由贸易区(港)建设提供强有力的物质和技术保障。

第二节 监管制度设计

整合现有监管规范性文件,编制油气勘查开发规划、建立科学合理的管理制度,完善监管体系顶层设计。加强对新进入油气上游主体的引导和监管,明确油气监管目标任务、监管主体及职责、监管依据、手段措施、保障条件等;研究制定油气资源勘查开采作业标准,特别是油气综合利用和保护开发指标、明确破坏性开采油气资源的鉴定标准,注重油气开采地下水和泥浆处理等专业领域环保监管,厘清与环保部门在环保监管的边界与职责;修订信息公示办法,制定抽查、实地核查、异常名录管理等关键环节工作细则;制定监管信息化和装备配置要求,以鼓励科技监管和数字监管为目的,推动管理机关与油气企业进行数据共享;建立油气督察员工作考核评价指标、经费使用等保障措施相关标准。

一、科学制订南海油气勘查开采规划

根据国家油气发展相关规划,坚持"陆海统筹、以海为主、先易后难、由浅及深、由近及远、以近养远、远近结合"的原则,建立海南省油气勘查开发专项规划制度,在《海南省油气资源基础性勘查规划》《海南省油气开发规划》的基础上,结合海南省国民经济五年发展规划和自由贸易区(港)发展实际需要,编制油气产业发展专项规划。加强分区管

控,制定并落实油气资源勘查开发规划实施方案,科学设置矿业权,制定并实施油气矿业权监督管理办法。

二、出台海南省油气管理条例

出台符合海南省实际的油气管理条例,重点涵盖海南省油气勘查开采机制、矿业权勘查区块竞争性出让机制、矿业权区块退出机制、矿业投资管理机制、油气矿业权流转机制、油气地质资料汇交、公示和共享机制等监管方面。主要内容应包括监管目标任务、监管主体及职责、监管内容、方式、手段措施、保障条件等,明确监管部门和人员履职尽责的边界,同时建议制定《油气资源勘查开采监督管理实施细则》并以部门规章形式发布实施,侧重如何监管和具体操作。

三、建立油气及其他矿产资源综合勘查开采机制

科学编制油气资源勘查开采指导意见,统筹油气资源和其他海底矿产资源的勘查开采,创新多种资源开发机制,实现海底矿物资源集约节约和综合开发利用。提高资源综合利用效率,待天然气水合物勘查开发利用取得突破后,组织协调"深部天然气+浅层气+天然气水合物"综合开发利用,提高资源合理高效利用水平,最大限度地发挥能源资源效应,建设三气合采示范区。

四、建立健全油气勘查开采生态环境保护制度

严格落实生态保护红线保护制度和建设项目环境影响评价制度,项目选址应避开自然保护区、生态红线控制区等生态敏感区域。建立油气勘查开采海域环境和大气质量监测体系,完善油气勘查开采及海上溢油风险防范应急预案,减少油气开采对海洋及大气环境的影响。制订油气勘查开采海域生态环境修复实施方案,落实海洋生物保护措施。

五、探索建立自然资源分层管理制度

探索自然资源立体分层确权,开启自然资源管理由"切块式"使用到"分层式"使用转换,实现自然资源三维产权空间的精确化界定、精细化描述、精准化管理,解决潜在的用益物权矛盾和冲突,避免油气勘探开发正常作业受到干扰。

探索立体国土空间规划,既为资源开发与环境保护寻找平衡点,合理保障油气勘查

开采活动空间，又可优化不同矿种开采空间布局，为今后解决油气矿权与非油气矿权重叠争议问题提供依据。陆域上规划好地质公园、保护区、地表工程、浅层矿泉水和其他固体矿产矿业权；海域上要考虑到海洋权益、国防安全、生态安全、防灾减灾等安全要素，主体功能和兼容功能也要符合国家产业政策和相关规划，重点针对海上风电、光伏发电、海水养殖、核电取排水口，以及跨海桥梁、海底隧道、海底管道、海底电缆、海洋矿产、海洋油气开采等用海区域先行试点编制海域立体空间规划，探索出台《国土空间立体分层使用指引》。

完善立体分层设权登记制度，在登记客体层面，要把分层空间与产权空间之间的关系彻底理顺；在探测技术层面，要把技术标准作为立体探测管理的基础加以重视，探索三维空间坐标，从传统的端点探测转向进路探测，在三维空间开发进程中实现同步探测；在登记制度层面找到产权空间不确定性与立体分层使用成本之间的均衡点。

第三节 矿业权监管

结合油气改革试点省（市、自治区）的成功经验，为支持油气勘查开发企业，加强海南省油气资源统筹力度，加快南海油气资源勘查开发进程，需获得部委政策和技术方面的大力支持，并理顺国家、省、企业部门之间的关系，建立适合海南省的油气矿业权监督管理模式。国家层面，自然资源部负责油气矿业权审批登记和监督管理；省级层面要做好相应的保障服务，配合自然资源部协调推进南海油气资源勘探开发工作，对全省油气勘探开发整体发展规划、重大政策、产业布局和重大项目建设进行把关、督查、指导，推进过程中融资、开发建设等重大项目的工作方案和计划审议，支持勘探开发项目的用地、用海、码头、人才、金融等措施落地，统筹全省油气资源市场利用，确保油气市场健康有序持续发展；油气企业负责履行油气勘查开发的主体责任，加快已探明储量动用情况，加大油气勘查开发力度，推进重大项目的开工建设，夯实增储上产的长效支撑。

油气矿业权监管重点应结合矿业权人每年填报的勘查（开采）项目年度信息表内容（表6-1），核查信息的准确性和真实性，对列入异常名录和严重违法名单的矿业权人要重点监管，并通过信息公示系统公示，提醒其履行相关义务。

表 6-1　海南省油气矿业权监管工作重点内容设置建议

监管类型		监管内容
探矿权	基本信息	包括勘查许可证号、探矿权人名称、探矿权人地址、勘查项目名称及地理位置、勘查面积、有效期限、勘查单位名称、发证机关、发证时间和勘查活动依据的勘查实施方案等
	履行义务信息	包括实际勘查矿种、年度勘查投入情况、探矿权占用费和探矿权价款缴纳情况等
	勘查投资和主要实物工作量	包括勘查投资及分项核算，钻探、坑探、槽探、浅井、地震等实物工作量，勘查进展与成果情况
	矿产资源勘查项目合作情况	包括合作人、股权比例、出资方式等
采矿权	基本信息	包括采矿证许可证号、采矿权人名称、矿山名称及地址、经济类型、开采矿种、开采方式、生产规模、矿区面积、有效期限、发证机关、发证时间和开采活动依据的矿产资源开发利用方案等
	履行义务信息	包括依法依规开发利用矿产资源情况和矿山储量年报、矿产开发利用统计报送情况，采矿权占用费、采矿权价款、矿山环境治理恢复保证金与土地复垦费等的缴纳情况和矿山地质环境保护与治理恢复方案执行情况、土地复垦方案执行情况、共伴生资源的综合利用以及绿色矿山建设情况等
	矿产资源合理开发利用指标	包括矿山基本情况和开采回采率、选矿回收率、综合利用率等指标
	安全生产监督	生产作业区（井场、采油厂、注水厂等）实地监察；油气管道巡查；地下回注施工监督和测试；储油罐管理等
	生态安全监管	管理闲置井、停产井；处置废弃井、关闭井；作业区生态环境恢复；地下水、地表水安全；水力压裂和酸化处理等
	油田信息监管	编写与油气勘查开发储运有关的资料；建立和监督油气井资料数据库；提供油气田、各类井的资料信息及查询服务等

一、出让机制

海南省矿产资源主管部门要做好出让规划和计划，建立区块出让储备库，制订竞争性出让计划，并上报自然资源部；要设立海南省油气矿业权交易中心，制定符合海南省省情的油气区块招标方案及招标公告，报批后及时公开发布招标信息，并确保对外发布的招标信息全面、准确，发布范围具有广泛性，做好矿权出让基础服务工作；通过优选勘查技术方案、勘查资金实力、勘查技术能力和勘查经验等方面评价招标的投标人是否合格，同时提供后续的矿权出让相关服务工作，推进海南省油气资源找矿尽快实现大突破。

省级自然资源主管部门在招拍挂出让矿业权时，不能仅仅局限于眼前利益（出让时成交价格高低），更要考虑长远利益（出让后勘查开采对经济社会发展整体效益），要从综合资金、技术、业绩、诚信等要素设置竞争条件（表6-2），防止简单地"唯价高者得"，实现油气资源优化配置。

表6-2 竞买人衡量竞得与否的标准体系表

考察项目	主要内容
工作计划	工作计划成熟度，公司管理架构和财务管理的完备程度
技术能力	海上开采的相关资质、设备和人员的情况、安全生产的能力和记录
财务能力	企业净资产3亿元人民币（含3亿元）以上（上一年度财务报告或最近一期财务报表的审计报告）
历史行为记录	企业未被列入矿业权人勘查开采信息公示系统中的"严重违法名单"；企业未被"信用中国"网站列入"重点关注名单""黑名单"；企业未被"国家企业信用信息公示系统"列入"经营异常名录""严重违法失信企业名单（黑名单）"
国籍	在中华人民共和国境内（不含港澳台）注册的营利企业法人，能够独立承担民事责任

为了保障矿业权人取得矿业权后能够按期进行勘查开采，省级自然资源主管部门要积极配合自然资源部做好"净矿"出让工作。"净矿"出让在维护矿产资源国家所有者权益、矿业权人权益、矿区百姓权益等方面发挥着重要作用。对政府而言，通过"净矿"出让可以获得较高溢价，让矿业权的附加值大幅提高。对矿业权人而言，由于"净矿"出让做了大量前期工作，获得采矿证的周期将大大缩短，有助于提振投资信心。对矿区人民而言，同样因为"净矿"出让做了前期工作，从而避免同矿主进行拉锯式的谈判。根据2019年12月31日，自然资源部发布的《自然资源部关于推进矿产资源管理改革若干事项的意见（试行）》中"净矿"出让工作包括四个方面的内容：一是体现分类管理的要求，开展砂石土等直接出让采矿权的"净矿"出让，积极推进其他矿种的"净矿"出让；二是加强矿业权前期出让准备工作，审查矿业权设置与相关规划的关系，依法依规避让生态保护红线等禁止限制勘查开采区，合理确定出让范围；三是做好与用地用海用林用草等审批事项的衔接；四是对"净矿"出让不利问题的处理，明确对属于矿业权出让前期工作原因而导致的矿业权人无法如期正常开展勘查开采工作的，自然资源主管部门可以撤回矿业权，

并按有关规定退还矿业权出让收益等已征收的费用。

海南省油气资源大多数分布在海域,要做好"净矿"出让,需要做好以下五个方面的工作:

(1)关于自然保护地和生态红线:由海南省自然资源和规划厅提出初选区块所在位置和范围信息并核查油气区块范围与生态保护红线、自然保护地重叠情况;涉及广东等外省海域的,由海南省自然资源和规划厅牵头协调对接有关省区自然资源厅核查。

(2)关于军事禁止区和敏感区:建立军地协调机制,由海南省自然资源和规划厅与军方进行沟通对接,双方根据油气区块范围与军事禁止区和敏感区叠合情况、军方意见,协商油气区块的出让范围。

(3)关于敏感海域:核查油气区块所在海域与南海九段线、台湾控制岛礁海域的情况,邻近九段线海域或台湾控制岛礁海域(距离岛礁65海里)的油气区块,列为敏感海域油气区块管理。

(4)油气区块储备库:满足上述条件的油气区块,根据相关要求,将符合出让条件的油气区块纳入储备库。油气区块储备库建设主要根据油气区块退让情况动态补充区块,作为常态化工作。

(5)油气区块优选:海南省自然资源和规划厅组织相关专家对油气区块储备库内的油气区块进行优选,并及时将优选的油气区块出让以及优选的成果报告上报至自然资源部。

同时,海南省自然资源和规划厅全程配合自然资源部完成油气区块出让工作,包括开具出让收益缴费通知和出让收益缴费单,指导和协助矿业权竞得人与自然资源部签订油气区块探矿权合同、办理油气区块探矿权证和用海用地审批等手续。

二、流转机制

(一)基本思路

海南省油气矿业权流转机制建议遵循分级、分类、分阶段的指导思想,总体上应坚持市场化的原则,按照"四类别、三方式、两阶段"的思路进行框架设计。

(1)四类别:参考技术规范和有关标准,海南省探矿权区块和未动用储量采矿权区块评价可以分为Ⅰ、Ⅱ、Ⅲ、Ⅳ类(表6-3)。

(2)三方式:采用内部流转、合资合作、外部流转3种方式对矿权进行分类管理(表6-4)。

(3)两阶段:根据油气体制改革进展和市场化推进程度,分为近期和远期2个阶段(表6-5)。

第六章　监督管理建议

表6-3　探矿权区块和未动用储量采矿权区块分类表

区块	分类			
	Ⅰ类	Ⅱ类	Ⅲ类	Ⅳ类
探矿权区块	油气资源丰富，生储盖及组合条件良好，见工业油气流，勘查潜力大	油气资源较为丰富，生储盖及其组合条件较好，获低产油气流，勘查潜力较大	前期勘查效果不佳或受工程技术政策经济条件约束，部分油气地质条件有待进一步落实，勘查难度较大，风险较高	生烃条件有限或资源规模小，勘查难度大、风险高、前景差
未动用储量采矿权区块	开发潜力大、难度小、风险小	开发潜力较大、有一定开发难度和风险	开发潜力较大、有一定开发难度和风险	开发难度大、风险高、前景差

表6-4　油气矿权的决策方式表

方式	定义	范围	模式
内部流转	内部对探矿权区块和未动用储量采矿权区块的勘查、开发及生产经营权的转移	Ⅰ类和Ⅱ类区块	采用独立勘查开发模式，通过内部流转的方式促进勘查开发
合资合作	采取合作经营的方式，实现矿权价值的有效发挥	Ⅲ类区块	引入合资伙伴、建立联合公司，让渡权益和分担风险
外部流转	外部对区块探矿权和采矿权的转移	Ⅳ类区块	全部转让

表6-5　油气矿权的流转阶段表

阶段	时间	外部环境	内部环境	矿权流转建议
近期	2019—2022年	油气体制改革稳步推进，市场化程度还不够高，政策法规不健全，需要政府指导	矿权改革持续进行，流转经验需要总结，管理办法需要完善	持续推动内部流转、积极寻求合资合作、逐步探索外部流转
远期	2023年以后	油气体制改革成果显著，市场化程度较高，政策法规基本健全	矿权改革常态化和制度化，矿权管理办法基本完善，组织机构和运行体制运行良好	扩大油气矿权市场化竞争性流转范围

(二)流转的体制机制

(1)成立矿业权流转工作小组。主要负责完善内部竞争性流转的管理办法和操作规范、组织专家根据资源评价结果遴选适宜内部流转区块以及量化打分推荐流转接收单位、制订储量资产评估规范、健全第三方评估机制、从资源评价结果中遴选可合作或交易区块等。

(2)建立专业化风险勘查技术支撑单位。为了进一步完善矿权管理体制、加强矿权流转、提高勘查资金的使用效率、提升矿业权价值,建议海南省组织有关风险勘查和矿权区块评价的优势,建成风险勘查的专业化队伍,统领新增设区块、外部流转进来的新区块以及合资合作的新区块,专门负责区块的动态跟踪与获取、评估与风险勘查、管理与经营,从而达到进一步挖掘矿权资源价值的目的。

(3)健全矿权流转管理办法。油气矿权流转管理办法主要内容及建议包括流转对象、流转方式、流转管理、内部流转运行与考核等(表6-6)。

表6-6 油气矿权流转管理办法主要内容表

名称	要点	主要内容
流转对象	流转区块池中的待流转区块	①经资源评价系统综合评估,圈定备选流转区块,组织专家论证和认定,经公司批准建立流转区块池;②对于近期内部流转区块,由于资源评价系统尚不完善,可暂考虑大盆地中勘查程度低、成藏条件好、面临退减的探矿权区块,未动用储量规模较大的区块,勘查开发专业性强、技术难度大的勘查领域或独立矿种等作为流转对象
流转方式	力争远期建立市场化竞争性流转方式	①内部流转:依据资源评价结果,基于地区公司提交方案,组织专家评审,量化打分确定流入单位;方案包括勘查开发部署工作量、投资安排、产储量及效益目标、技术和人才优势、保障措施等;非常规资源和独立矿种区块近期可暂采用指派方式流转,远期采用市场化方式流转。②合资合作及外部流转:按照相关管理办法进行区块转让和合作,先期采用会议评审方式审查方案,出具转让和合作意见;待市场成熟以后,建议采用招拍挂的市场化竞争性流转的方式选择外部流转单位
流转管理	实行统一管理,制定流转政策、确定流转区块和审批流转方案	勘查与生产部门负责整体评价和统一部署,完善和维护资源评价系统,负责流转区块优选、区块池建库、方案审核、流转组织、工作量和投资确定、考核评价等,具体如下:①内部流转,双方签署协议,明确责任义务,实现资料、技术、市场、设备设施共享,储量、产量可计为流入单位,投资计划单列。②合资合作,流出单位按照合资协议和公司章程相关要求参与矿权和资产管理。③外部流转,流出单位协助外部单位办理流转区块矿权变更登记、资产移交与划转

续表 6-6

名称	要点	主要内容
流转运行与考核	前期地质研究、工程技术服务、用工及矿区服务等采用市场化运作和社会化服务	①企地关系、油气销售、管输、固定资产租赁等按协议支付相关费用或按市场价格结算；②勘查与生产部门按年度对流入单位进行考核评价，可实行完整项目管理，明确流转区块考核内容、考核标准；③探矿权区块可考核工作量完成率、储量完成情况和成本控制情况；④未动用储量区块可考核储量动用率、产量完成情况和效益指标；⑤考核结果达标的优先继续纳入备选单位，未达标的除特殊原因取消下一年备选资格

（4）建立矿权保护与区块流转的长效联动机制，以矿权保护支持区块流转，以区块流转促进矿权保护。完善矿权保护体系，建立探矿权全周期评价系统和投入考核机制，及时提出并落实矿权保护预警方案，对达不到考核要求的矿权严格纳入流转范围。同时，对于区块流转后仍不能按承诺完成相应投入、达不到矿权保护目标的流转单位，给予一定惩罚，缩短其矿权投入考核周期并提高区块流转门槛。

（5）打破企业内部技术服务市场关联交易格局，形成开放的内部市场竞争格局，持续加强Ⅰ类和Ⅱ类区块的矿权保护与内部流转，稳健开展Ⅲ类区块的合资合作，逐步探索Ⅳ类区块的外部竞争性流转，促进民营油田技术服务企业全方位获得更多市场机会，逐步尝试委托具备较高技术水平及较强专业施工能力和项目管理能力的油田技术服务企业，深入参与难度较大的油气区块勘查开发。

三、退出机制

投入不足的勘查区块退出机制有利于激励矿业权人加大油气勘查投入，建立和维护好油气勘查市场的公平性和竞争性，提高油气地质勘查整体工作程度，摸清海南省油气资源家底。

油气区块退出包括自愿退出与强制性退出两种情形。其中，自愿退出主要适用于以下情形：一是探矿权人基于成矿条件、资源赋存状况等考虑，自愿缩减部分勘查区块面积；二是由于压覆资源、资源整合、国家规划、政策调整等原因，探矿权人自愿退出勘查区块面积。强制性退出主要适用于以下情形：一是违背勘查投入承诺的，应按照履行投入承诺的比例缩减勘查区块面积；二是勘查投入虽然到位，但是无法按照勘查规范提交提高勘查阶段的，应缩减不低于首次设立证载勘查区块面积的25%。

（一）退出程序

（1）接收报件和受理：自然资源部政务大厅接收申请人报送的探矿权注销登记申请

资料。申请材料齐全、符合法定形式的,或者申请人按照登记管理机关的要求提交全部补正申请材料的,应当受理行政许可申请。

(2)部内审批:自然资源部主办司会同矿业权会审司局依据法律法规等有关规定,对探矿权登记申请资料进行审查,并报自然资源部审批。

(3)办理批复:自然资源部批准后,自作出审批决定之日起10个工作日内由政务大厅向申请人发送书面审批结果(图6-1)。

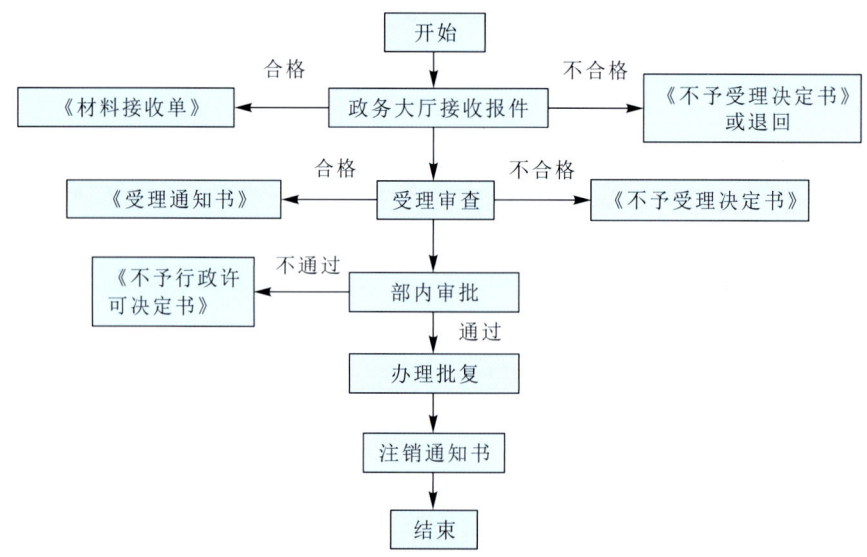

图6-1 油气矿业权区块退出流程

(二)资料汇交和共享

油气探矿权人缩小勘查区块范围的,应当在勘查许可证变更前汇交被放弃区块的地质资料,汇交至全国地质资料馆。除了涉密地质资料外,任何单位可以持单位证明、身份证等有效证件,查阅、复制、摘录已公开的地质资料。

(三)再次出让

探矿权人基于自身的投入规模和勘查认知程度,决定退出的勘查区域并不一定完全是没有油气资源潜力的。通过竞争性出让成交的勘查区块,在被探矿权人依法缩小或放弃的勘查区域范围内,地方自然资源主管部门要配合自然资源部申请先期另行开展油气评价工作,在取得阶段性成果且具有出让潜力的,地方主管部门可以申请自然资源主管部门授权其组织实施油气探矿权竞争性出让工作。

第四节　过程和节点监管

制定适应"探采合一"管理的监管程序和规范,重视勘探开发过程监管(图6-2),通过报告和备案等手段对油气勘查开采方案执行情况进行监管,包括钻井开工报告、压裂备案、钻井和压裂过程中的废弃物处理、排放等环节备案,在报告和备案方式不增加矿业权人审批负担的前提下,管理机关能够收集更多的勘探开发过程数据;通过开采报告、阶段产量报告、储量评审和备案等加强勘探开发关键节点的监管,杜绝以采代探和未及时转采现象。

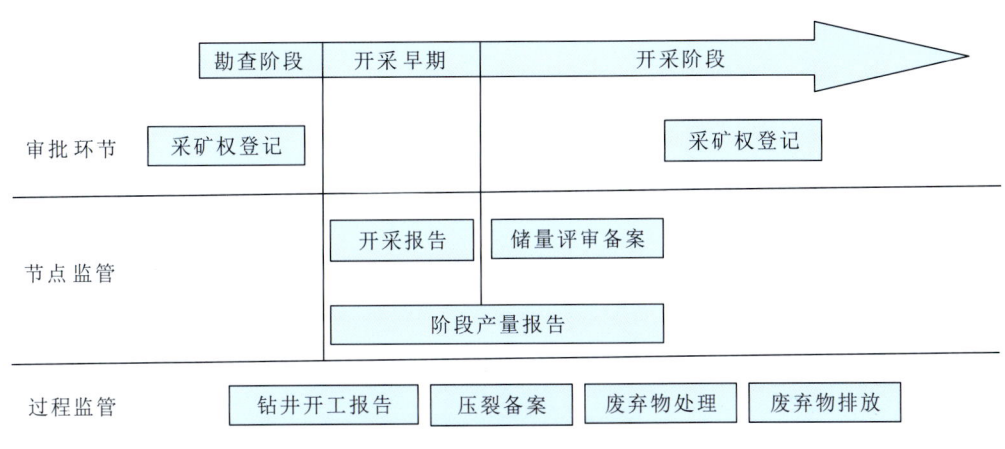

图6-2　油气勘查开采过程监管

(据文雅萍等,2021)

建议由海南省自然资源主管部门协助开展油气探矿权的日常监管和专项督查;协助自然资源部对全省油气区块探矿权阶段工作进展和有效期满的资金和工作量投入进行专项督查,依法督促探矿权人严格履行法定义务和勘探承诺。

通过日常监管和专项检查相结合的方式,健全全过程监管机制。日常监管以掌握动态信息为主,可针对油气勘查开采企业建立定期信息报送(如月报)制度,报送信息包括各企业的工作量投入、开采进度及阶段成效。专项检查方面,首先,可针对辖区内取得有效油气探矿权、采矿权的区域开展周期性的矿权核查,核查内容包括主要油气开采场地分布、钻井规模、重大工程进展及成果以及土地复垦等基本情况,以此掌握油气勘查开采面上情况。其次,适度扩展督察内容,对于每年油气督察或省级自主督察,将油气勘查开采过程中主要工艺和进入地层物质的环境友好性纳入资料查阅和现场检查范围。最后,省级管理部门与油气勘查开采企业联合推动油气开采区地质环境监测体系建设,围绕地下水、地质灾害和地震等与油气开采活动安全性关联度较高的3个内容,健全重点区监测网络,开展周期性监测,加强地质环境与油气开采活动之间相互影响的风险评估(图6-3)。

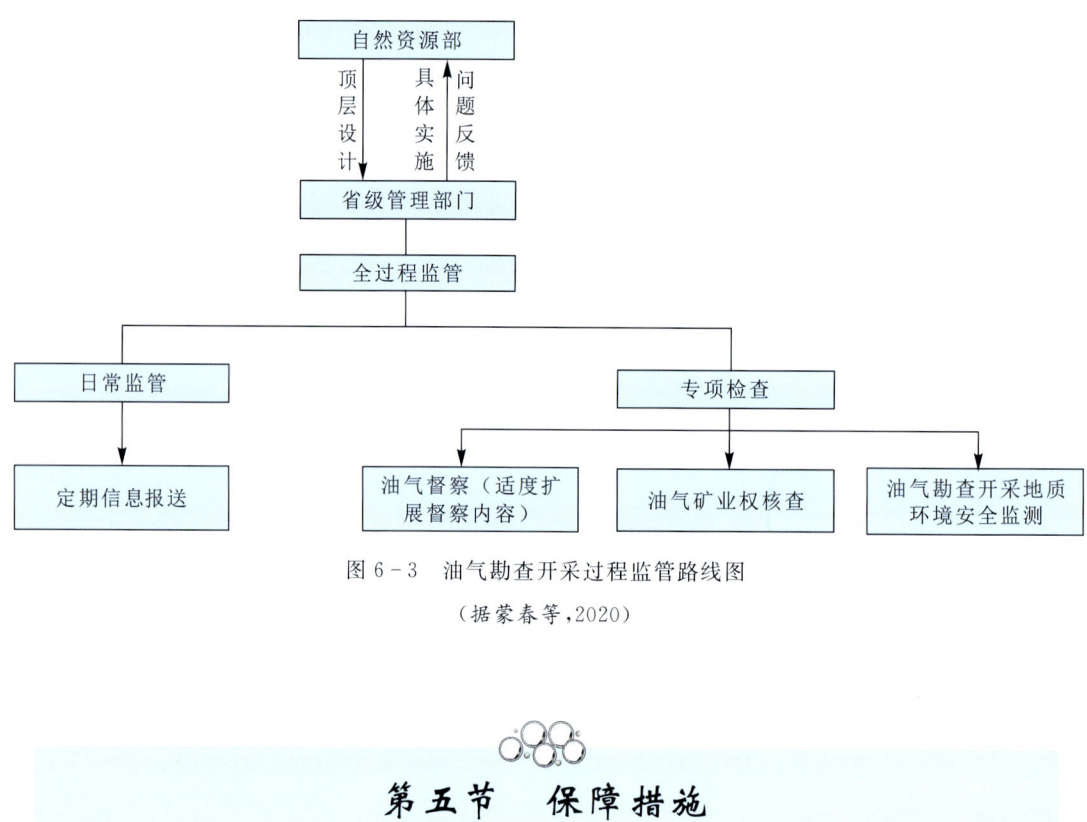

图6-3 油气勘查开采过程监管路线图

(据蒙春等,2020)

第五节 保障措施

一、培育专门的监管机构,加大科技手段使用

借鉴重庆及山西等地成功做法,对当前海南省矿产资源管理机构进行调整,在海南省自然资源和规划厅增设油气勘查开采监管机构,专门负责跟踪国家有关部委油气政策、出台本省油气管理相关办法,沟通、协调、监督省内油气勘查开发活动,承接中共中央、国务院《关于深化石油天然气体制改革的若干意见》中"关于开放上游勘查开采"的有关任务和职能。

筹建油气勘查监管队伍,人员组成应具备专业性和多元化特点,建议由行政管理、油气、法律、财务、经济等构成,以保证监管机构的专业化以及对监管政策的有效执行。以现有油气督察员办公室职能为重点,依托海南省海洋地质调查局,设立海南省油气资源调查评价中心，跟踪油气勘查开发行业动态，配合自然资源部开展省内油气资源调查评价，支撑海南省油气勘查开采监管，促进现有地质队伍转型，从而充实、增强专兼职相结合的油气监管队伍力量，实现监管机构的专业化与监督队伍的职业化目标，提高油气实地核查的科学性、公正性和客观性，有效促进政府职能向组织、监督和评估角色转变。同时，鉴于海南省油气资源勘查开采活动绝大多数分布在海域，频繁登录海上油气作业平台费用高，在日常监督检查中，应加大遥感监测、无人机、移动督察系统等科技手段在油气监管中的运用。

二、推进信用监管与分类监管

建立矿业权人信用等级评价标准，推进油气监管与社会信用体系相衔接，促进企业自律。基于信息公示结果，建立矿业权人企业信用档案，根据信用等级实施分类监管，对信用等级高的矿业权采取免检、减少随机抽查、减少资料查阅、简化检查程序，对等级低的矿业权采取必检、专项检查，提高失信行为的失信成本，鼓励守信诚信的行为。引导和鼓励油气资源保护和合理开发利用按照不同油气田类型，遴选油气开发利用示范区，通过审批绿色通道、分类监管等激励政策，鼓励同类型油气田企业提高开发利用水平，遏制矿业权人粗放开采，促进资源的合理综合利用。

在海南省公共资源招投标平台建设信用监督系统，与其他的企业信用管理、环境执法监察、矿业权管理等系统联网对接，全方位评估企业的从业状况，进一步完善评价体系的内容。在矿业权监管过程中，可使用矿业权人信用积分作为日常油气监督的重要评价依据，甚至形成严重违规行为的一票否决制度。将积分作为透明的信用积分体系有利于鼓励企业诚信从业，采用高环保标准进行矿业开发，也能帮助具备技术优势、注重环保、有社会责任感的企业保持和形成竞争优势。

三、构建联合监管与服务相结合的新模式

持续推进简政放权、放管结合、优化服务，以维护好矿业权人合法权益为出发点，不断加强服务保障，做好协调服务工作，积极转变服务思路和方式，对实地核查中矿业权人反映的合法权益加以维护，为矿业权人营造良好的勘探开发工作环境。在油气保障重点地区，建立自然资源部、财政部、工业和信息化部、公安部、生态环境部、水利部等多部门联合监管和统筹协调机制，明确各个单位职责，在用地、安全、环境影响评价等方面为矿业权人提供保障。

主要参考文献

安海忠,钟维琼,王越,等,2016.全球主要国家油气资源监管体制研究[M].北京:地质出版社.

陈嘉茹,燕菲,陈建荣,等,2021.油气体制改革深入推进"双碳"目标推动行业低碳发展:2020年中国油气政策综述[J].国际石油经济,29(2):62-67.

程肖君,付金存,2021.中国油气监管体制深化改革的现实障碍与政策建议[J].理论学刊(5):77-88.

崔旺来,李瑞发,钟海玥,等,2022.海域立体分层使用的产权管理路径研究[J].中国国土资源经济,35(7):4-11+47.

冯翠洋,万宏,唐旭,2016.2030年前油气行业发展趋势及政策建议[J].石油科技论坛,35(4):1-5+12.

傅成玉,2008.当代中国海洋石油工业[M].北京:当代中国出版社.

傅宁,王柯,贾庆军,2019."源热共控"北部湾盆地福山凹陷油气的形成[J].石油学报,40:38-45.

高阳,罗玲,梅丹,等,2020.我国油气矿业权竞争出让研究[J].中国矿业,29(10):15-19.

郭继刚,申延平,徐静,等,2020.加拿大阿尔伯塔省油气资源管理研究与启示[J].中国矿业(4):25-31+66.

韩亚琴,2020.我国油气资源勘查开采管理改革的几点思考[J].中国国土资源经济,33(10):5.

韩亚琴,景东升,郭丽娜,等,2021.我国油气资源勘探开发管理模式研究[J].中国矿业,30(6):29-32.

韩亚琴,景东升,司芗,等,2021.浅析油气资源勘探开发环境影响评价与矿业权管理[J].中国矿业,30(4):15-18.

韩亚琴,景东升,张昊泽,等,2020.我国油气矿业权使用费制度改革的几点思考[J].中国矿业,29(11):28-31+60.

胡梦成,康永尚,王伟洪,等,2018.美国油气行业管理模式及其对我国的借鉴意义[J].中国矿业,27(8):22-27.

黄少婉,2015.南海油气资源开发现状与开发对策研究[J].理论观察(11):3.

姜杉钰,胡梦成,康永尚,2018.加拿大油气资源管理模式及其启示[J].国土资源情报(12):20-25.

景东升,2008.世界发达国家的油气资源监管及启示[J].国土资源情报(12):29-31+24.

康煜,谢薇,陈建荣,2022.2021年世界主要国家油气及相关能源政策综述[J].国际石油经济,30(2):25-32.

李世祥,冯驰,薛双娇,等,2018.国外矿业权出让制度经验及比较研究[J].矿产保护与利用(2):19-23.

李毅,2015.挪威油气资源:高效开发、全民共享[J].财经(19):30-36.

林香红,高健,何广顺,等,2014.英国海洋经济与海洋政策研究[J].海洋开发与管理,31(11):110-114.

刘增洁,朱宏宇,2008.英国油气工业现状及政策回顾[J].国土资源情报(7):39-42.

鲁怡,黄月银,2022.我国油气矿业权改革与国有石油公司革新方向[J].中国矿业,31(10):30-34.

蒙春,张烨,陆朝晖,等,2020.新形势下省级油气监管工作的思考及建议[J].中国矿业,29(12):41-47.

潘继平,2021."十四五"油气增储上产的政策困境及对策建议[J].石油科技论坛,40(1):7-14.

潘继平,王越,申延平,等,2010.挪威、巴西及英国油气资源管理体制及其对我国的启示[J].资源导刊(6):46-47.

石彦民,刘菊,张梅珠,等,2007.海南福山凹陷油气勘探实践与认识[J].华南地震,27(3):57-68.

石昀,2017.我国矿业权流转的法律制度研究[D].泉州:华侨大学.

司艺,景东升,罗玲,等,2021.油气矿业权竞争性出让改革追踪研究[J].中国矿业,30(2):37-41.

唐不不,2018.勘探开发一体化管理机制的构建[J].企业管理(8):23-25.

唐国强,徐东,付迪,等,2020.新形势下中国油气勘探开发监管体系的构建[J].天然气工业,40(1):141-151.

唐国强,徐东,张宝生,2019.国有大型油气企业矿权流转机制及建议[J].天然气工业,39(6):147-155.

涂亦楠,宦吉娥,蔡琛,2017.英国海上油气矿业权出让经验及其对中国发展路径的启示[J].天然气工业,37(12):106-111.

王浩,2017.我国油气行业政府监管体制改革的路径选择[J].国土资源情报(5):14-23.

王升辉,冯志刚,刘丽君,等,2016.美国海域油气资源管理分析[J].中国矿业,

25(7):24-27+31.

王升辉,姚星,张昊泽,等,2016.美国油气资源管理机制对我国的借鉴[J].中国矿业,25(9):30-33.

王世虎,罗世兴,袁国华,2016.英国页岩气矿业权管理制度的特点及启示[J].天然气工业,36(4):112-118.

王应好,2022.南海油气勘探开发特点与展望[J].石化技术,29(4):163-164.

王越,2014.挪威油气资源管理体制研究[J].上海经济(8):45-48.

王征,2022.欧洲能源政策的最新动向与解读[J].风能(6):51-55+50.

文雅萍,郝江帆,刘启鹏,等,2020.油气监管部省联动工作现状与改革建议[J].中国国土资源经济,33(5):29-33+9.

文雅萍,黄梦曦,卜小平,等,2019."双随机、一公开"新方式下的油气资源监督管理[J].中国矿业,28(11):78-82.

文雅萍,刘启鹏,卜小平,等,2018.美国油气资源监管主要做法研究与经验借鉴[J].中国矿业,27(11):35-39.

文雅萍,刘启鹏,张永兴,等,2021."放管服"背景下加强油气监管的思考与建议[J].中国矿业,30(9):26-31.

谢玉洪,高阳东,2020.中国海油近期国内勘探进展与勘探方向[J].中国石油勘探(1):20-30.

徐意轩,2022.关于完善油气资源勘探开发领域相关法律法规的思考[J].中共乐山市委党校学报,24(2):109-112.

杨晓锋,2016.英国的石油法治体系及其对中国的启示[J].中国石油大学学报(社会科学版),32(4):1-5.

姚红生,汪凯明,2022.油气矿业权管理研究工作的策略建议[J].中国矿业,31(S1):18-21.

袁梦,2018.矿业权的流转制度探讨研究[J].科教导刊(电子版)(5):206.

曾凌云,2020.我国矿产资源管理改革进展、成效、问题及思考建议[J].中国矿业,29(2):31-34.

张波,陈晨,2004.我国南海石油天然气资源特点及开发利用对策[J].特种油气藏(6):5-8.

中国地质调查局广州海洋地质调查局,2015.南海海洋地质与矿产资源[M].天津:中国航海图书出版社.

中华人民共和国自然资源部,2018.中国矿产资源报告2018[M].北京:地质出版社.

钟维琼,安海忠,丁颖辉,2013.挪威油气资源管理流程研究[J].资源与产业(6):77-83.